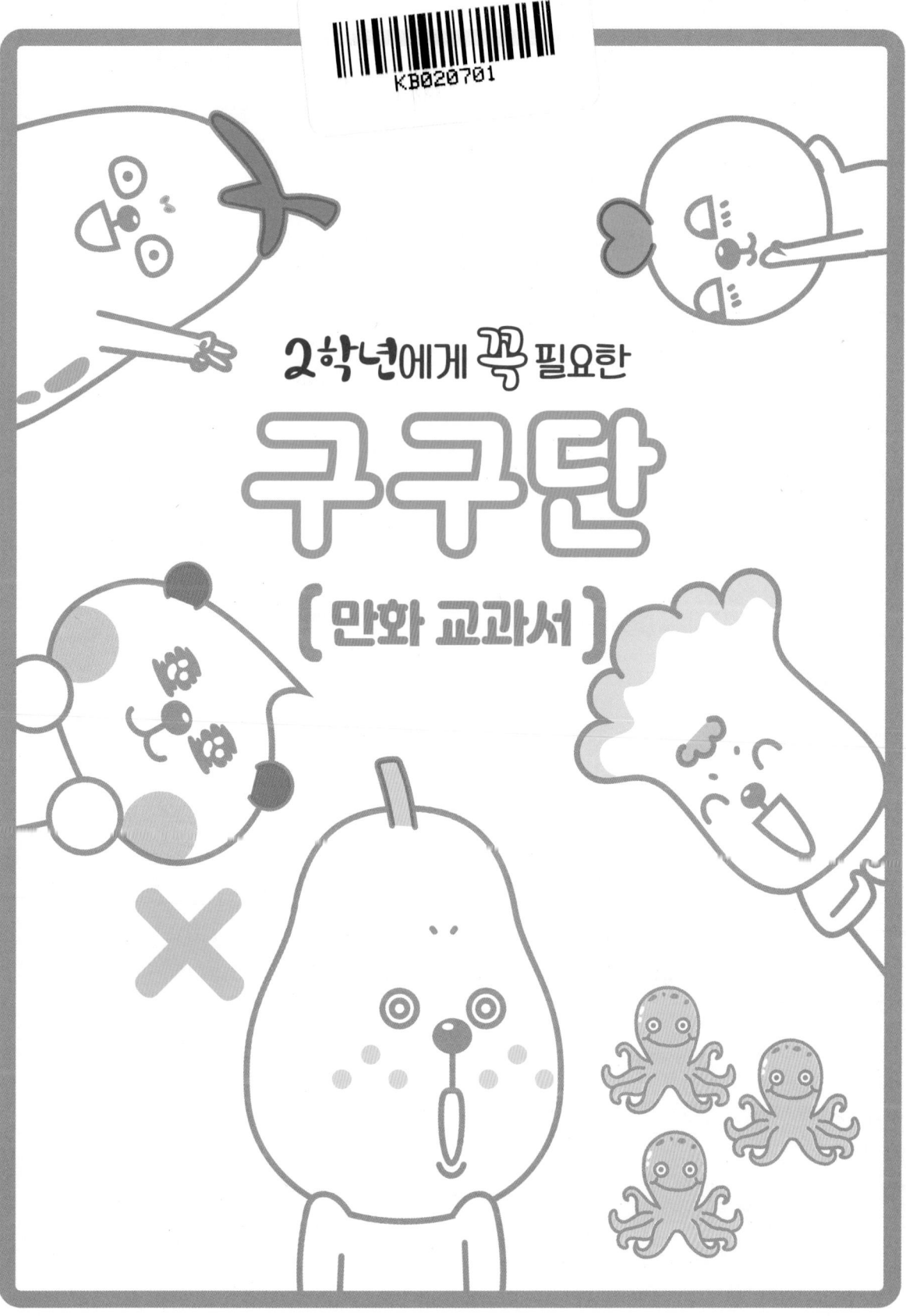

2학년에게 꼭 필요한

구구단

(만화 교과서)

구성과 특징

수학 웹툰 전문 작가의 캐릭터를 활용한 실생활 이야기로

수학에 대한
호기심과 자신감을 키워요.

학습 포인트 1

수학 교과서 단원의 내용을 실생활 소재를 활용한 만화로 재미있게 읽으면서 수학에 대한 호기심을 가질 수 있습니다.

학습 포인트 2

만화 속 내용과 연결된 수학 교과서 학년과 학기의 단원을 소개하고, 무엇을 배우는지 알 수 있습니다.

캐릭터와 함께하는 주제별 질문식 수학 개념을
쉽고 재미있게 읽으면서
원리를 이해해요!

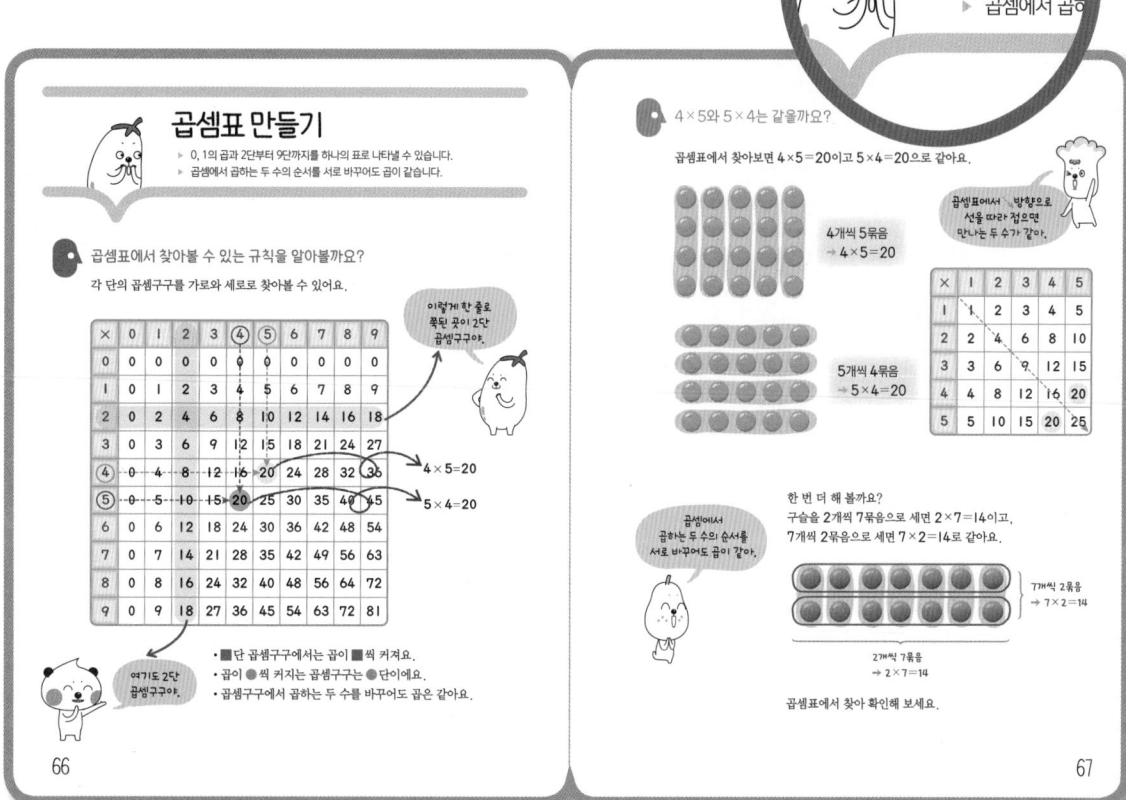

학습 포인트 3
수학 교과서의 개념을 수학 만화와
연결하여 원리를 정확히 이해할 수
있습니다.

학습 포인트 4
주제별 원리에 대한 질문에 대해
생활에서 볼 수 있는 내용을
그림으로 재미있게 구현하여
쉽게 이해할 수 있습니다.

차례

2학년에게 꼭 필요한
구구단

쵸배

토리

1. 곱셈구구

배찌   체로   가징

작가의 말

여러분에게 수학이란 어떤 의미인가요? 친해지고 싶은 친구인가요? 아니면 정복하고 싶은 대상이나 넘을 수 없는 장애물인가요? 각자마다 느끼는 수학의 의미는 다르겠지만 아마도 확실한 것은 우리 삶에 있어서 꼭 필요한 존재라는 사실이에요. 하지만 꼭 필요하지만 가까이 다가가기 어려울 때가 있죠. 과일채소 친구인 (쵸배, 배찌, 체로, 가징, 토리)도 마찬가지거든요. 그럴때마다 쵸배, 배찌, 체로, 가징, 토리는 일상생활에서 재미있게 수학을 접하며 즐긴답니다. 어린이 여러분도 이젠 이 책 속으로 들어가 과일채소 친구들과 함께 수학의 재미에 풍덩 빠져들 수 있었으면 하는 바람입니다.

01 2단 곱셈구구

오잉?
칠판 닦아야 하는데
누가 칠판에다가
낙서를 해 놨네~

흠…
이게 무슨 낙서지?

멈칫

배찌야.
이건 누가 곱셈을
공부한 흔적이야.

곱셈?

궁금

6

● 무엇을 배울까요? 2의 몇 배를 곱셈식으로 나타내어 2의 단 곱셈구구를 완성하게 합니다.

2단 곱셈구구를 바르게 읽고, 쓰며 이를 이용하여 문제를 해결하도록 합니다.

● 언제 배울까요? 초등학교 2학년 2학기 곱셈구구 단원에서 배워요.

9

2단 곱셈구구

▶ 2의 3배는 2×3으로 쓸 수 있고, 2 곱하기 3으로 읽습니다.

2단 곱셈구구에서 곱하는 수가 1씩 커지면 곱은 2씩 커져요.

 블록의 수가 각각 2의 몇 배인지 알아볼까요?

2의 1배

한 묶음에 블록이 2개 있어.

쓰기 2×1=2
읽기 2 곱하기 1은 2와 같습니다.

2의 2배

쓰기 2×2=4
읽기 2 곱하기 2는 4와 같습니다.

2의 3배

쓰기 2×3=6
읽기 2 곱하기 3은 6과 같습니다.

2의 4배

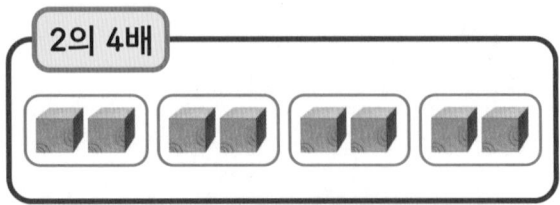

나는 이렇게 읽을 거야.
이 일은 이, 이 이 사,
이 삼은 육, 이 사 팔,

쓰기 2×4=8   읽기 2 곱하기 4는 8과 같습니다.

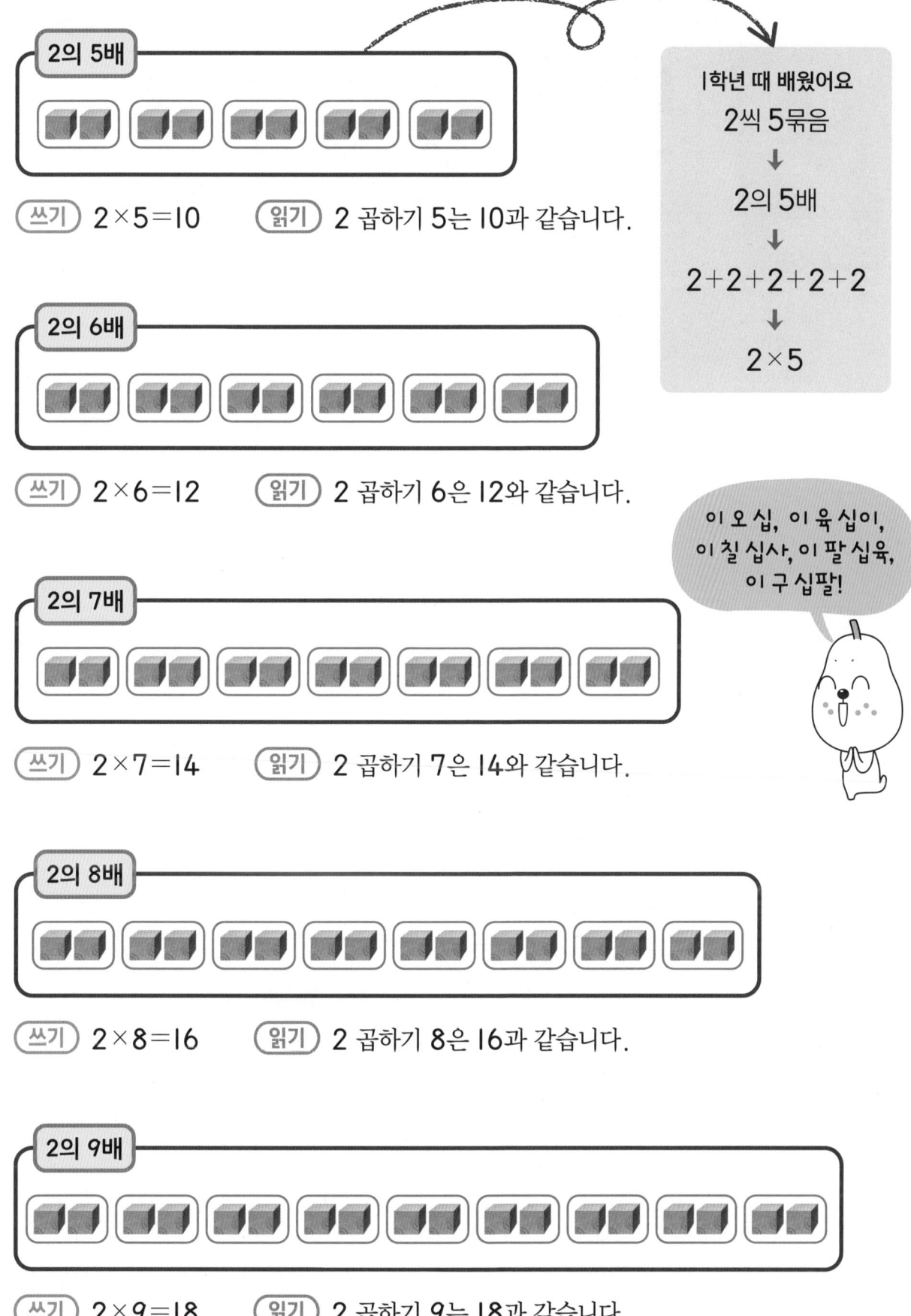

2의 5배

쓰기 $2 \times 5 = 10$ 읽기 2 곱하기 5는 10과 같습니다.

I학년 때 배웠어요
2씩 5묶음
↓
2의 5배
↓
$2+2+2+2+2$
↓
2×5

2의 6배

쓰기 $2 \times 6 = 12$ 읽기 2 곱하기 6은 12와 같습니다.

이 오 십, 이 육 십이,
이 칠 십사, 이 팔 십육,
이 구 십팔!

2의 7배

쓰기 $2 \times 7 = 14$ 읽기 2 곱하기 7은 14와 같습니다.

2의 8배

쓰기 $2 \times 8 = 16$ 읽기 2 곱하기 8은 16과 같습니다.

2의 9배

쓰기 $2 \times 9 = 18$ 읽기 2 곱하기 9는 18과 같습니다.

02 5단 곱셈구구

5단 곱셈구구

▶ 5의 3배는 5×3으로 쓸 수 있고, 5 곱하기 3으로 읽습니다.

5단 곱셈구구에서 곱하는 수가 1씩 커지면 곱은 5씩 커져요.

색연필의 수가 각각 5의 몇 배인지 알아볼까요?

5의 1배

(쓰기) 5×1=5
(읽기) 5 곱하기 1은 5와 같습니다.

한 묶음에 색연필이 5자루가 들어 있구나!

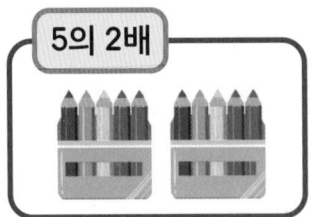
5의 2배

(쓰기) 5×2=10
(읽기) 5 곱하기 2는 10과 같습니다.

5의 3배

(쓰기) 5×3=15
(읽기) 5 곱하기 3은 15와 같습니다.

5의 4배

나는 이렇게 읽을 거야. 오 일은 오, 오 이 십, 오 삼십오, 오 사 이십~

(쓰기) 5×4=20   (읽기) 5 곱하기 4는 20과 같습니다.

5의 5배

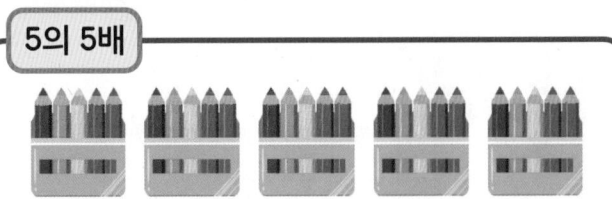

오 오 이십오, 오 육 삼십,
오 칠 삼십오, 오 팔 사십,
오 구 사십오!

쓰기 5×5=25   읽기 5 곱하기 5는 25와 같습니다.

5의 6배

쓰기 5×6=30   읽기 5 곱하기 6은 30과 같습니다.

곱의 일의 자리
숫자가 5, 0이 반복돼!

5의 7배

쓰기 5×7=35   읽기 5 곱하기 7은 35와 같습니다.

5의 8배

쓰기 5×8=40   읽기 5 곱하기 8은 40과 같습니다.

5의 9배

쓰기 5×9=45   읽기 5 곱하기 9는 45와 같습니다.

17

03 3단 곱셈구구

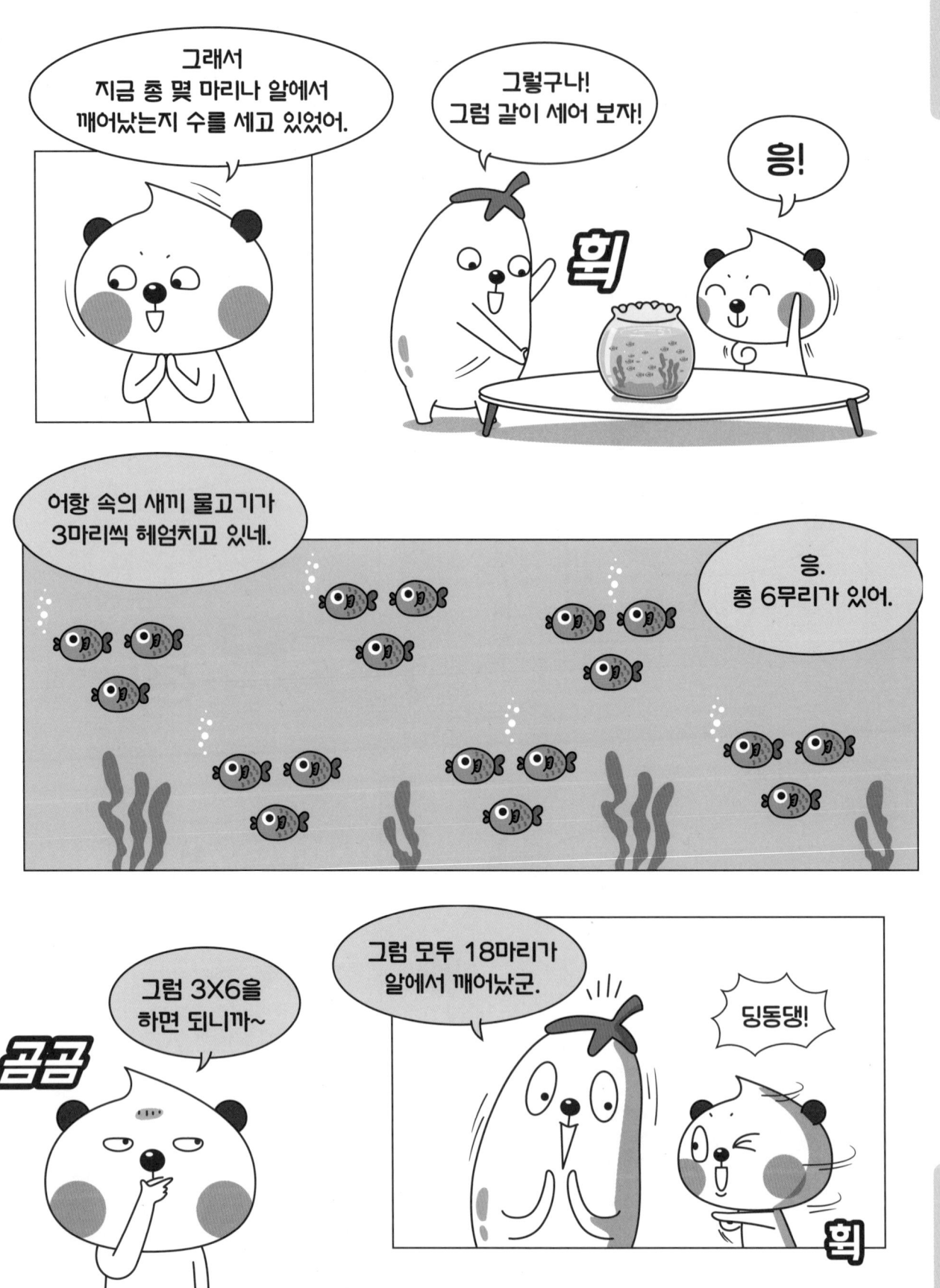

3단 곱셈구구

▶ 3의 3배는 3×3으로 쓸 수 있고, 3 곱하기 3으로 읽습니다.

3단 곱셈구구에서 곱하는 수가 1씩 커지면 곱은 3씩 커져요.

 세발자전거의 바퀴 수가 각각 3의 몇 배인지 알아볼까요?

3의 1배

쓰기 3×1=3
읽기 3 곱하기 1은 3과 같습니다.

세발자전거 한 대에는 바퀴가 3개 있어!

3의 2배
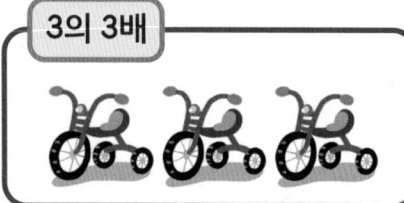

쓰기 3×2=6
읽기 3 곱하기 2는 6과 같습니다.

3의 3배

쓰기 3×3=9
읽기 3 곱하기 3은 9와 같습니다.

3의 4배

나는 이렇게 읽을 거야.
삼 일은 삼, 삼 이 육,
삼 삼 구, 삼 사 십이~

쓰기 3×4=12   읽기 3 곱하기 4는 12와 같습니다.

3의 5배

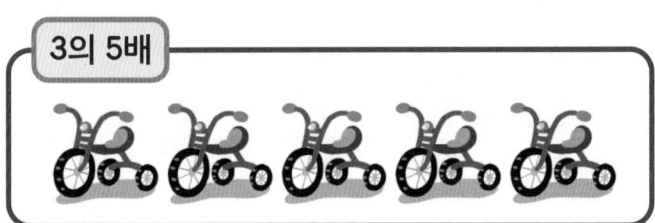

쓰기 3×5＝15　읽기 3 곱하기 5는 15와 같습니다.

3단은
3, 6, 9 게임으로
연습하면 쉬워!

3의 6배

쓰기 3×6＝18　읽기 3 곱하기 6은 18과 같습니다.

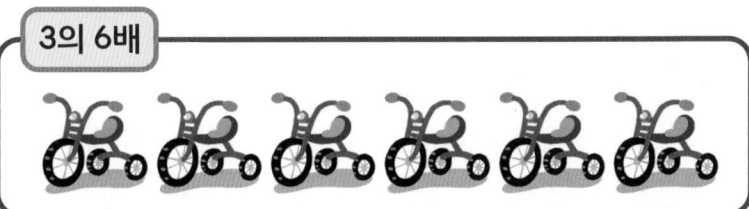

삼 오 십오, 삼 육 십팔,
삼 칠 이십일, 삼 팔
이십사, 삼 구 이십칠!

3의 7배

쓰기 3×7＝21　읽기 3 곱하기 7은 21과 같습니다.

3의 8배

쓰기 3×8＝24　읽기 3 곱하기 8은 24와 같습니다.

3의 9배

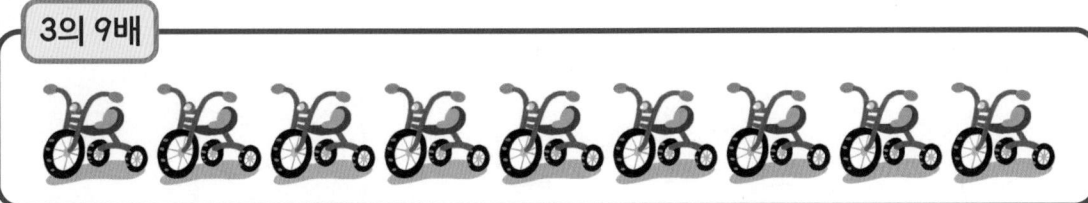

쓰기 3×9＝27　읽기 3 곱하기 9는 27과 같습니다.

04 6단 곱셈구구

26

6단 곱셈구구

▶ 6의 3배는 6×3으로 쓸 수 있고, 6 곱하기 3으로 읽습니다.

6단 곱셈구구에서 곱하는 수가 1씩 커지면 곱은 6씩 커져요.

개미 다리의 수가 각각 6의 몇 배인지 알아볼까요?

6의 1배

쓰기 6×1=6
읽기 6 곱하기 1은 6과 같습니다.

개미 한 마리에는 다리가 6개 있어!

6의 2배

쓰기 6×2=12
읽기 6 곱하기 2는 12와 같습니다.

6의 3배

쓰기 6×3=18
읽기 6 곱하기 3은 18과 같습니다.

6의 4배

나는 이렇게 읽을 거야.
육 일은 육, 육 이 십이,
육 삼 십팔, 육 사 이십사~

쓰기 6×4=24   읽기 6 곱하기 4는 24와 같습니다.

6의 5배

6단은 3단의 짝수 번째 곱셈을 생각해!

(쓰기) 6×5=30   (읽기) 6 곱하기 5는 30과 같습니다.

6의 6배

(쓰기) 6×6=36   (읽기) 6 곱하기 6은 36과 같습니다.

육 오 삼십, 육 육 삼십육, 육 칠 사십이, 육 팔 사십팔, 육 구 오십사!

6의 7배

(쓰기) 6×7=42   (읽기) 6 곱하기 7은 42와 같습니다.

6의 8배

(쓰기) 6×8=48   (읽기) 6 곱하기 8은 48과 같습니다.

6의 9배

(쓰기) 6×9=54   (읽기) 6 곱하기 9는 54와 같습니다.

05 4단 곱셈구구

4단 곱셈구구

▶ 4의 3배는 4×3으로 쓸 수 있고, 4 곱하기 3으로 읽습니다.

4단 곱셈구구에서 곱하는 수가 1씩 커지면 곱은 4씩 커져요.

자동차의 바퀴 수가 각각 4의 몇 배인지 알아볼까요?

4의 1배

쓰기 4×1=4
읽기 4 곱하기 1은 4와 같습니다.

자동차 한 대에는 바퀴가 4개 있어!

4의 2배

쓰기 4×2=8
읽기 4 곱하기 2는 8과 같습니다.

4의 3배

쓰기 4×3=12
읽기 4 곱하기 3은 12와 같습니다.

4의 4배

나는 이렇게 읽을 거야.
사 일은 사, 사 이 팔,
사 삼 십이, 사 사 십육~

쓰기 4×4=16   읽기 4 곱하기 4는 16과 같습니다.

4의 5배

(쓰기) 4 × 5 = 20   (읽기) 4 곱하기 5는 20과 같습니다.

4의 6배

(쓰기) 4 × 6 = 24   (읽기) 4 곱하기 6은 24와 같습니다.

4의 7배

(쓰기) 4 × 7 = 28   (읽기) 4 곱하기 7은 28과 같습니다.

4의 8배

(쓰기) 4 × 8 = 32   (읽기) 4 곱하기 8은 32와 같습니다.

4의 9배

(쓰기) 4 × 9 = 36   (읽기) 4 곱하기 9는 36과 같습니다.

06 8단 곱셈구구

● 무엇을 배울까요?　8의 몇 배를 곱셈식으로 나타내어 8의 단 곱셈구구를 완성하게 합니다.

　　　　　　　　　　8단 곱셈구구를 바르게 읽고, 쓰며 이를 이용하여 문제를 해결하도록 합니다.

● 언제 배울까요?　초등학교 2학년 2학기 곱셈구구 단원에서 배워요.

8단 곱셈구구

▶ 8의 3배는 8×3으로 쓸 수 있고, 8 곱하기 3으로 읽습니다.

8단 곱셈구구에서 곱하는 수가 1씩 커지면 곱은 8씩 커져요.

 문어 다리의 수가 각각 8의 몇 배인지 알아볼까요?

문어 한 마리에는 다리가 8개 있어!

8의 1배
쓰기 8×1=8
읽기 8 곱하기 1은 8과 같습니다.

8의 2배
쓰기 8×2=16
읽기 8 곱하기 2는 16과 같습니다.

8의 3배
쓰기 8×3=24
읽기 8 곱하기 3은 24와 같습니다.

8의 4배

나는 이렇게 읽을 거야. 팔 일은 팔, 팔 이 십육, 팔 삼 이십사, 팔 사 삼십이~

쓰기 8×4=32   읽기 8 곱하기 4는 32와 같습니다.

 **8의 5배**

(쓰기) 8 × 5 = 40　　(읽기) 8 곱하기 5는 40과 같습니다.

8단의 곱에서 일의 자리 숫자가 2씩 줄어드는 게 반복돼!

8의 6배

(쓰기) 8 × 6 = 48　　(읽기) 8 곱하기 6은 48과 같습니다.

팔 오 사십, 팔 육 사십팔, 팔 칠 오십육, 팔 팔 육십사, 팔 구 칠십이!

8의 7배

(쓰기) 8 × 7 = 56　　(읽기) 8 곱하기 7은 56과 같습니다.

8의 8배

(쓰기) 8 × 8 = 64　　(읽기) 8 곱하기 8은 64와 같습니다.

8의 9배

(쓰기) 8 × 9 = 72　　(읽기) 8 곱하기 9는 72와 같습니다.

07 7단 곱셈구구

44

7단 곱셈구구

▶ 7의 3배는 7×3으로 쓸 수 있고, 7 곱하기 3으로 읽습니다.

7단 곱셈구구에서 곱하는 수가 1씩 커지면 곱은 7씩 커져요.

 꽃다발의 꽃의 수가 각각 7의 몇 배인지 알아볼까요?

7의 1배

쓰기 7×1=7
읽기 7 곱하기 1은 7과 같습니다.

7송이를 묶어서
꽃다발 하나를 만들었어!

7의 2배

쓰기 7×2=14
읽기 7 곱하기 2는 14와 같습니다.

7의 3배

쓰기 7×3=21
읽기 7 곱하기 3은 21과 같습니다.

7의 4배

나는 이렇게 읽을 거야.
칠 일은 칠, 칠 이 십사,
칠 삼 이십일, 칠 사 이십팔~

쓰기 7×4=28   읽기 7 곱하기 4는 28과 같습니다.

7의 5배

쓰기 $7 \times 5 = 35$　읽기 7 곱하기 5는 35와 같습니다.

7의 6배

쓰기 $7 \times 6 = 42$　읽기 7 곱하기 6은 42와 같습니다.

7의 7배

쓰기 $7 \times 7 = 49$　읽기 7 곱하기 7은 49와 같습니다.

7의 8배

쓰기 $7 \times 8 = 56$　읽기 7 곱하기 8은 56과 같습니다.

7의 9배

쓰기 $7 \times 9 = 63$　읽기 7 곱하기 9는 63과 같습니다.

7단을 친구들이 가장 어려워해서 덧셈으로 충분히 연습해!

칠 오 삼십오, 칠 육 사십이, 칠 칠 사십구, 칠 팔 오십육, 칠 구 육십삼!

47

08 9단 곱셈구구

08 9단 곱셈구구

싱싱 과일, 야채
배찌야, 야채 가게 앞에서 뭐 해?
싱싱 양파
양파를 사러 왔어. 히히~
그렇구나.
오늘 엄마에게 배운 양파 요리를 해 보려고
씨익
싱싱 양파
척

49

9단 곱셈구구

▶ 9의 3배는 9×3으로 쓸 수 있고, 9 곱하기 3으로 읽습니다.

9단 곱셈구구에서 곱하는 수가 1씩 커지면 곱은 9씩 커져요.

 곶감의 수가 각각 9의 몇 배인지 알아볼까요?

9의 1배

(쓰기) 9×1=9
(읽기) 9 곱하기 1은 9와 같습니다.

한 상자에 곶감이
9개 들어 있어.

9의 2배

(쓰기) 9×2=18
(읽기) 9 곱하기 2는 18과 같습니다.

9의 3배

(쓰기) 9×3=27
(읽기) 9 곱하기 3은 27과 같습니다.

9의 4배

나는 이렇게 읽을 거야.
구 일은 구, 구 이 십팔,
구 삼 이십칠, 구 사 삼십육~

(쓰기) 9×4=36   (읽기) 9 곱하기 4는 36과 같습니다.

52

9의 5배

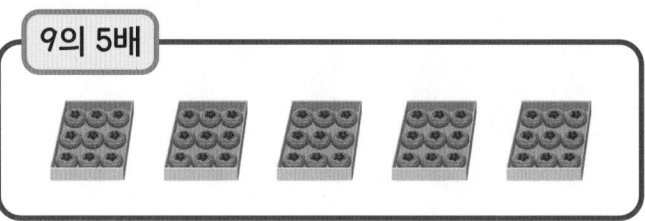

쓰기 $9 \times 5 = 45$ 읽기 9 곱하기 5는 45와 같습니다.

9단의 곱에서
십의 자리 숫자와
일의 자리 숫자의
합은 항상 9가 돼!

9의 6배

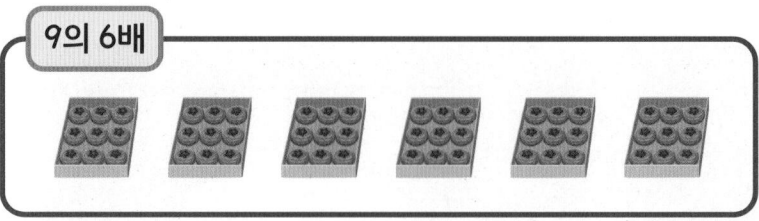

쓰기 $9 \times 6 = 54$ 읽기 9 곱하기 6은 54와 같습니다.

구 오 사십오, 구 육 오십사,
구 칠 육십삼, 구 팔 칠십이,
구 구 팔십일!

9의 7배

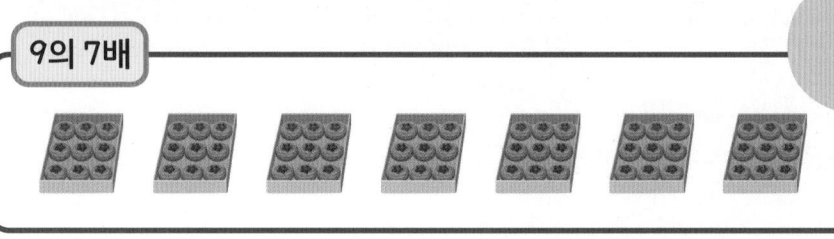

쓰기 $9 \times 7 = 63$ 읽기 9 곱하기 7은 63과 같습니다.

9의 8배

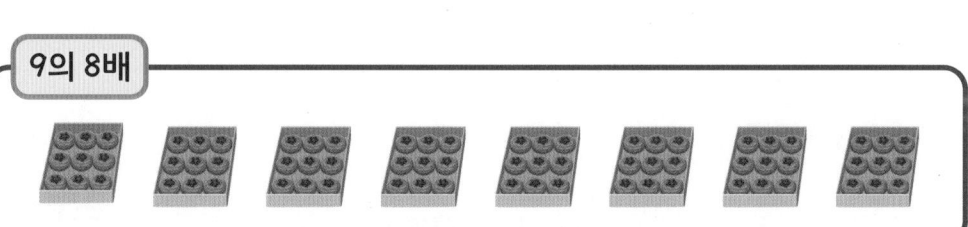

쓰기 $9 \times 8 = 72$ 읽기 9 곱하기 8은 72와 같습니다.

9의 9배

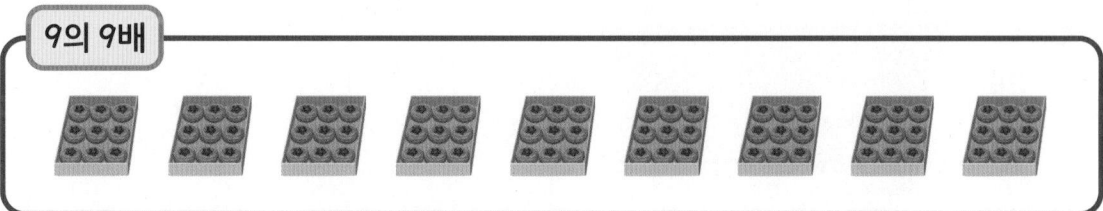

쓰기 $9 \times 9 = 81$ 읽기 9 곱하기 9는 81과 같습니다.

09 1단 곱셈구구, 0의 곱

55

1단 곱셈구구, 0의 곱

▶ 1과 어떤 수의 곱은 항상 어떤 수가 됩니다.
▶ 0과 어떤 수의 곱은 항상 0입니다.

글러브의 수와 야구공의 수는 어떻게 늘어날까요?

글러브 1개에 야구공이 1개씩 들어 있어요.
글러브 1개에는 야구공이 1개, 글러브 2개에는 야구공이 2개,
글러브 3개에는 야구공이 3개 있어요.

$1 \times 1 = 1$

$1 \times 2 = 2$

$1 \times 3 = 3$

$1 \times 4 = 4$

$1 \times 5 = 5$

$1 \times 6 = 6$

$1 \times 7 = 7$

$1 \times 8 = 8$

$1 \times 9 = 9$

1과 어떤 수를 곱하면
항상 어떤 수가 돼!

 원판 돌리기 놀이를 해 볼까요?

원판을 돌려서 멈췄을 때 화살표가 가리키는 수만큼 점수를 얻는 놀이를 하고 있어요.
원판을 5번 돌려 나온 수와 나온 횟수를 표로 나타내 볼까요?

돌려 돌려!

원판을 돌렸더니 화살표가 0을 3번, 1을 1번, 2를 1번 가리켰고,
3은 한 번도 안 나왔어요.

원판의 수	0	1	2	3
나온 횟수(번)	3	1	1	0
점수(점)	0	1	2	0

0은 몇 번이 나와도 0점 → $0 \times 3 = 0$
1이 1번 나와서 1점 → $1 \times 1 = 1$
2가 1번 나와서 2점 → $2 \times 1 = 2$
원판을 돌려 얻은 점수는 3점이에요.

0은 어떤 수와 곱해도 0이야.

1과 어떤 수의 곱은 항상 어떤 수가 돼요.
→ $1 \times (어떤 수) = (어떤 수)$
0과 어떤 수의 곱, 어떤 수와 0의 곱은 항상 0이에요.
→ $0 \times (어떤 수) = 0, (어떤 수) \times 0 = 0$

10 곱셈표 만들기

● 무엇을 배울까요? 곱셈표를 기초로 한 자리 수의 곱셈을 익숙하게 할 수 있도록 합니다.
                  곱셈표를 만들고 두 수를 바꾸어 곱하기를 이해할 수 있도록 합니다.

● 언제 배울까요? 초등학교 2학년 2학기 곱셈구구 단원에서 배워요.

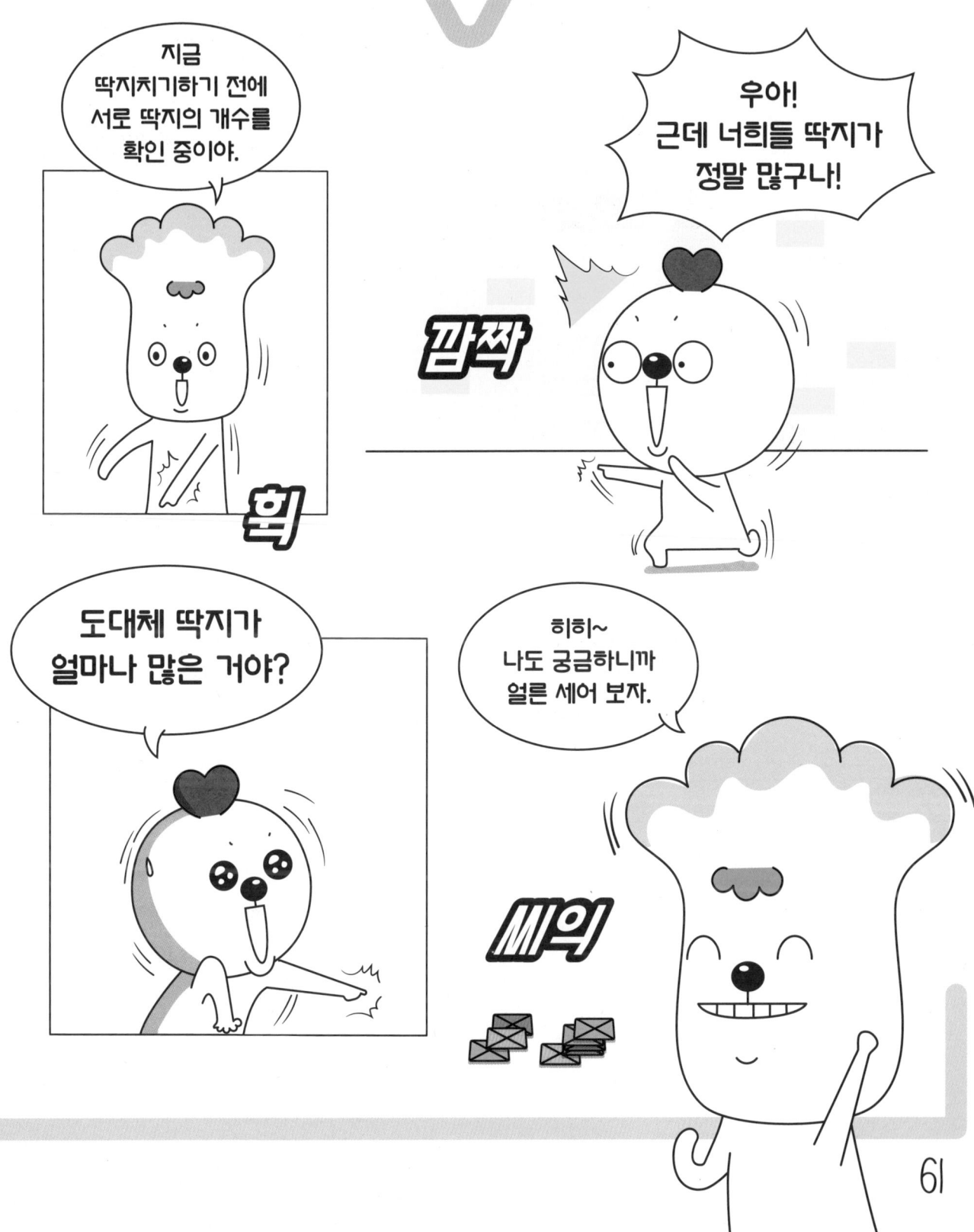

곱셈표 만들기

▶ 0, 1의 곱과 2단부터 9단까지를 하나의 표로 나타낼 수 있습니다.
▶ 곱셈에서 곱하는 두 수의 순서를 서로 바꾸어도 곱이 같습니다.

곱셈표에서 찾아볼 수 있는 규칙을 알아볼까요?

각 단의 곱셈구구를 가로와 세로로 찾아볼 수 있어요.

이렇게 한 줄로 쭉된 곳이 2단 곱셈구구야.

×	0	1	2	3	④	⑤	6	7	8	9
0	0	0	0	0	0	0	0	0	0	0
1	0	1	2	3	4	5	6	7	8	9
2	0	2	4	6	8	10	12	14	16	18
3	0	3	6	9	12	15	18	21	24	27
④	0	4	8	12	16	20	24	28	32	36
⑤	0	5	10	15	20	25	30	35	40	45
6	0	6	12	18	24	30	36	42	48	54
7	0	7	14	21	28	35	42	49	56	63
8	0	8	16	24	32	40	48	56	64	72
9	0	9	18	27	36	45	54	63	72	81

$4 \times 5 = 20$

$5 \times 4 = 20$

여기도 2단 곱셈구구야.

• ■단 곱셈구구에서는 곱이 ■씩 커져요.
• 곱이 ●씩 커지는 곱셈구구는 ●단이에요.
• 곱셈구구에서 곱하는 두 수를 바꾸어도 곱은 같아요.

4×5와 5×4는 같을까요?

곱셈표에서 찾아보면 4×5=20이고 5×4=20으로 같아요.

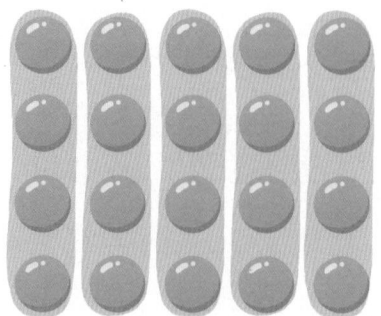

4개씩 5묶음
→ 4×5=20

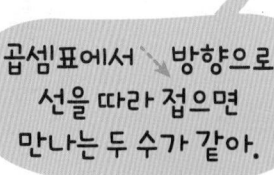

곱셈표에서 ↘ 방향으로 선을 따라 접으면 만나는 두 수가 같아.

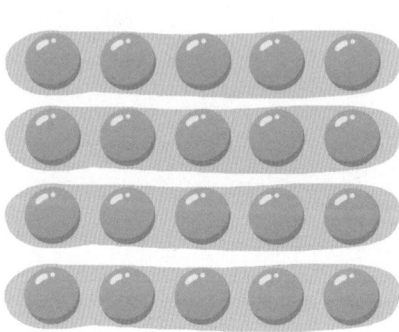

5개씩 4묶음
→ 5×4=20

×	1	2	3	4	5
1	1	2	3	4	5
2	2	4	6	8	10
3	3	6	9	12	15
4	4	8	12	16	20
5	5	10	15	20	25

곱셈에서 곱하는 두 수의 순서를 서로 바꾸어도 곱이 같아.

한 번 더 해 볼까요?
구슬을 2개씩 7묶음으로 세면 2×7=14이고,
7개씩 2묶음으로 세면 7×2=14로 같아요.

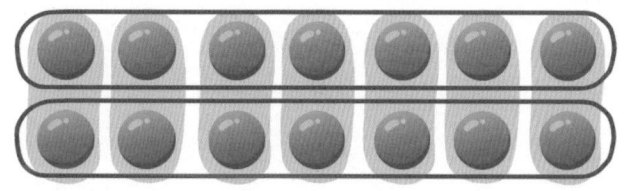

7개씩 2묶음
→ 7×2=14

2개씩 7묶음
→ 2×7=14

곱셈표에서 찾아 확인해 보세요.

11 덧셈표에서 규칙 찾기

덧셈표를 보고 덧셈을 공부 중이었어.

배찌야~ 뭐 하고 있어?

가징아.

응. 덧셈표를 보면 쉽게 덧셈의 법칙들을 이해할 수 있어.

덧셈표?

우아, 대단해!

짜잔~

깜짝

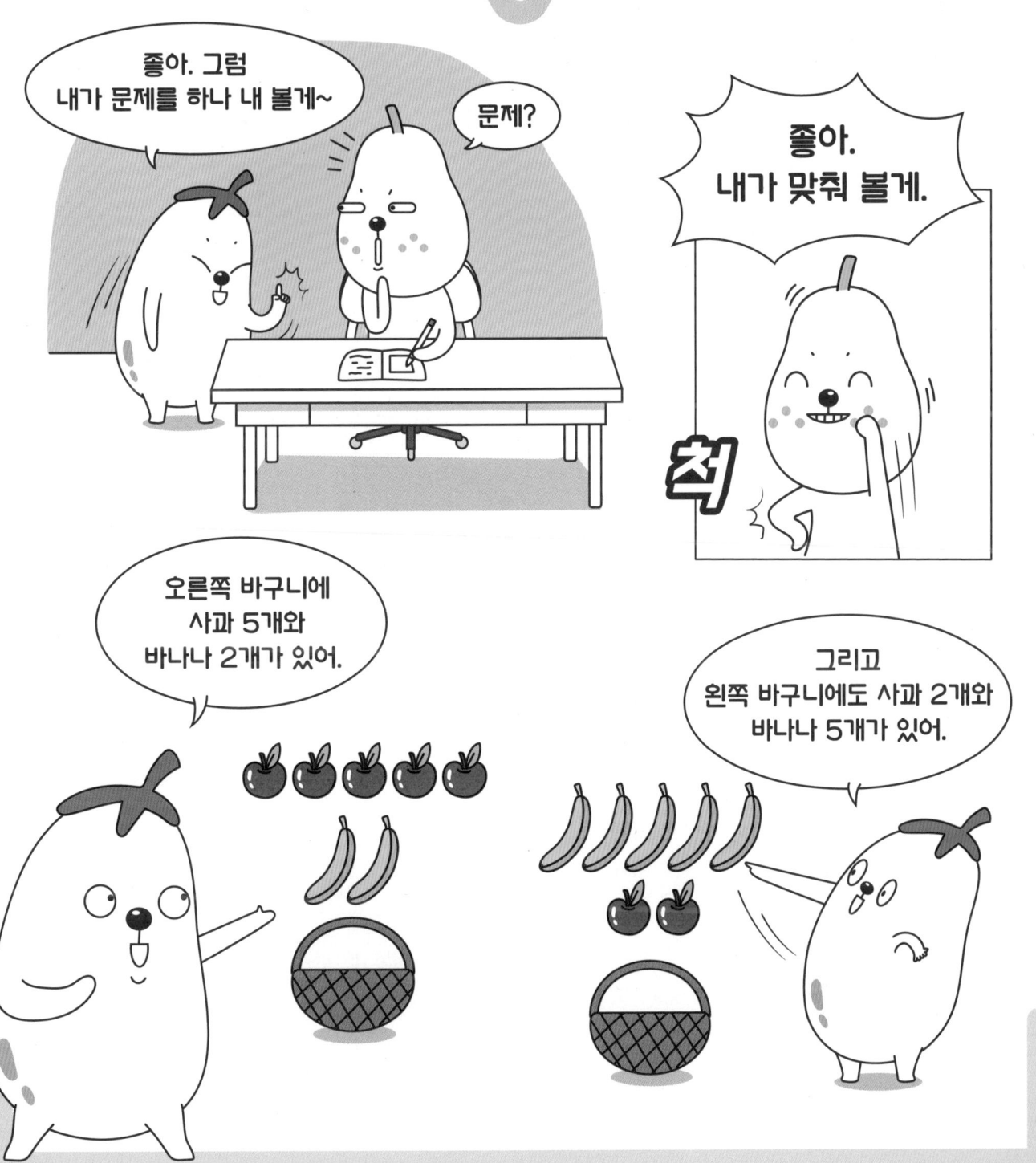

69

덧셈표에서 규칙 찾기

▶ 0부터 9까지의 수를 더한 값을 하나의 표로 나타낼 수 있습니다.
▶ 덧셈에서 더하는 두 수의 순서를 서로 바꾸어도 합이 같습니다.

 덧셈표를 만들어 볼까요?

+	0	1	2	3	4	5	6	7	8	9
0	0	1	2	3	4	5	6	7	8	9
1	1	2	3	4	5	6	7	8	9	10
2	2	3	4	5	6	7	8	9	10	11
3	3	4	5	6	7	8	9	10	11	12
4	4	5	6	7	8	9	10	11	12	13
5	5	6	7	8	9	10	11	12	13	14
6	6	7	8	9	10	11	12	13	14	15
7	7	8	9	10	11	12	13	14	15	16
8	8	9	10	11	12	13	14	15	16	17
9	9	10	11	12	13	14	15	16	17	18

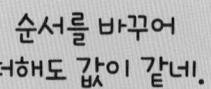

2+6=8

6+2=8

짝수만 있어요.

홀수만 있어요.

순서를 바꾸어 더해도 값이 같네.

가로줄에 있는 수와 세로줄에 있는 수가 만나는 곳에 합을 써요.
➡ 2+6=8, 6+2=8

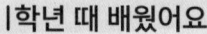

1학년 때 배웠어요
짝수: 2, 4, 6, 8…과 같이 짝을 지을 수 있는 수
홀수: 1, 3, 5, 7, 9…와 같이 짝을 지으면 하나가 남는 수

 덧셈표에서 찾아볼 수 있는 규칙을 알아볼까요?

다른 종이에 덧셈표를 써서 보라색 점선을 중심으로 접어 볼까?

+	0	1	2	3	4	5	6	7	8	9
0	0	1	2	3	4	5	6	7	8	9
1	1	2	3	4	5	6	7	8	9	10
2	2	3	4	5	6	7	8	9	10	11
3	3	4	5	6	7	8	9	10	11	12
4	4	5	6	7	8	9	10	11	12	13
5	5	6	7	8	9	10	11	12	13	14
6	6	7	8	9	10	11	12	13	14	15
7	7	8	9	10	11	12	13	14	15	16
8	8	9	10	11	12	13	14	15	16	17
9	9	10	11	12	13	14	15	16	17	18

⬭ 으로 칠해진 수 { 오른쪽으로 갈수록 1씩 커지는 규칙이 있어요.
　　　　　　　　 { 왼쪽으로 갈수록 1씩 작아지는 규칙이 있어요.

⬭ 으로 칠해진 수 { 아래쪽으로 갈수록 1씩 커지는 규칙이 있어요.
　　　　　　　　 { 위쪽으로 갈수록 1씩 작아지는 규칙이 있어요.

↘ 방향으로 갈수록 2씩 커지는 규칙이 있어요.

↙ 방향으로 같은 수들이 있는 규칙이 있어요.

╲ 선을 따라 접었을 때 만나는 수가 서로 같아요.

73

12 곱셈표에서 규칙 찾기

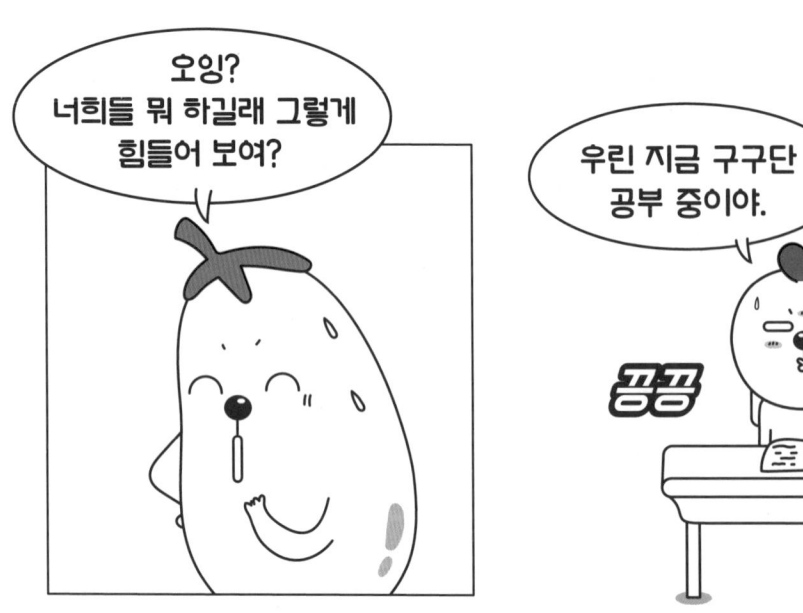

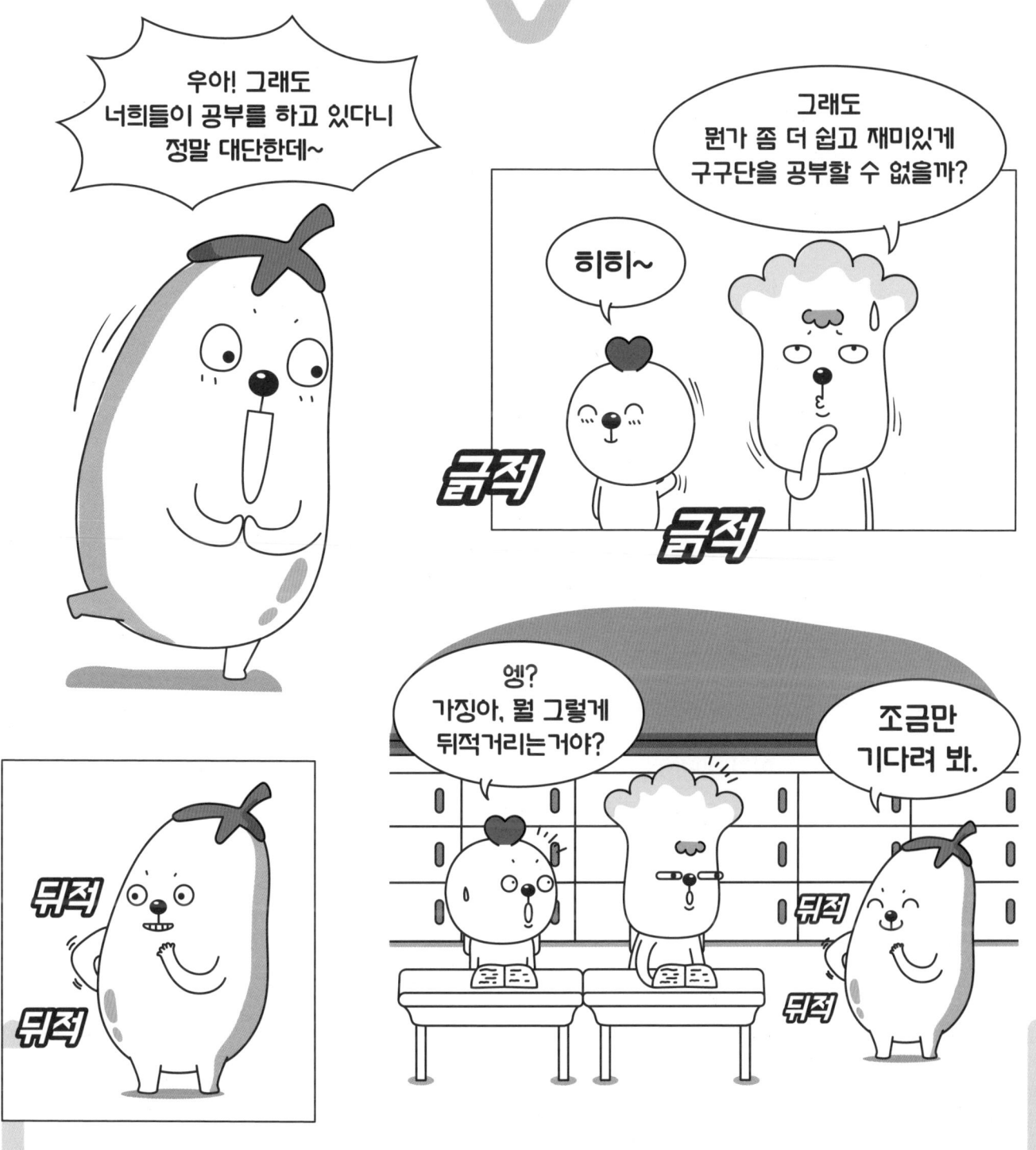

곱셈표에서 규칙 찾기

▶ 곱셈표에서 가로줄, 세로줄 등 여러 방향으로 수의 변화를 보면서 규칙을 찾을 수 있습니다.

 빈칸에 알맞은 수를 맞혀 볼까요?

7의 줄에서는 오른쪽으로 갈수록 7씩 커지므로 35 다음의 수는 42야.

×	1	2	3	4	5	6	7	8	9
1	1	2	3	4	5	6	7	8	9
2	2	4	6	8	10	12	14	16	18
3	3	6	9	12	15	18	21	24	27
4	4	8	12	16	20	24	28	32	36
5	5	10	15	20	25	30	35	40	45
6	6	12	18	24	30	36	42	48	54
7	7	14	21	28	35	42	49	56	63
8	8	16	24	32	40	48	56	64	72
9	9	18	27	36	45	54	63	72	81

가로줄에 있는 수와 세로줄에 있는 수가 만나는 곳에 곱을 써요.
7×6=42

▬▬▬ 으로 칠해진 수에는 오른쪽으로 갈수록 3씩 커지는 규칙이 있어요.

▬▬▬ 으로 칠해진 수에는 아래쪽으로 갈수록 8씩 커지는 규칙이 있어요.

5단 곱셈구구는 일의 자리 숫자가 5와 0이 번갈아 나와요.
2, 4, 6, 8단 곱셈구구에 있는 수는 모두 짝수예요.
1, 3, 5, 7, 9단 곱셈구구에 있는 수는 홀수, 짝수가 번갈아 나와요.

곱셈표에서 규칙을 찾아볼까요?

×	1	3	5	7	9
1	1	3	5	7	9
3	3	9	15	21	27
5	5	15	25	35	45
7	7	21	35	49	63
9	9	27	45	63	81

곱셈표에 있는 수들이
모두 홀수네.

(홀수)×(홀수)=(홀수)

1부터 9까지의 수를 모두 사용하지 않아도 곱셈표를 만들 수 있어요.
첫째 줄의 수와 가장 왼쪽의 수가 만나는 칸에 두 수의 곱을 써서 만들어요.
빨간색 선 안의 수들은 곱이 14씩 커져요.

×	2	4	6	8
2	4	8	12	16
4	8	16	(24)	32
6	12	(24)	36	48
8	16	32	48	64

곱셈표에 있는
수들이
모두 짝수네.

(짝수)×(짝수)=(짝수)

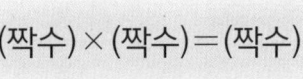 방향의 선을 따라 접었을 때 만나는 수들이 서로 같아요.

곱셈표에서 4×6과 곱이 같은 곱셈구구를 찾아보면 6×4예요.
빨간색 선 안의 수들은 곱이 8씩 커져요.

시작하면 끝까지 보는
이젠 꼭 필요한 초등수학 시리즈

초등 1학년	초등 2학년	초등 3학년	초등 4학년

의 책이에요!

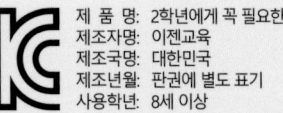

제 품 명: 2학년에게 꼭 필요한 구구단
제조자명: 이젠교육
제조국명: 대한민국
제조년월: 판권에 별도 표기
사용학년: 8세 이상

※ KC마크는 이 제품이 공통안전기준에 적합하였음을 의미합니다.

값 16,000원 (2권 세트)
63410

9 791190 880664
ISBN 979-11-90880-66-4

이젠수학연구소 지음

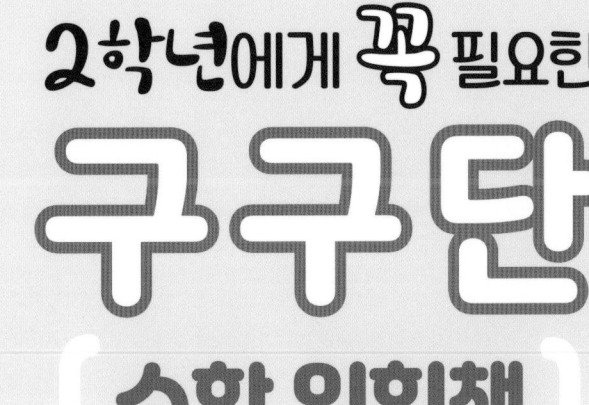

2학년에게 꼭 필요한

구구단

〔 수학 익힘책 〕

이젠교육
EZEN EDUCATION

이젠수학연구소 지음

이젠수학연구소는 유아에서 초중고까지 학생들이 수학의 바른길을 찾아낼 수 있도록 수학
학습법을 연구하는 이젠교육의 수학 연구소입니다. 수학 실력은 하루아침에 완성되지
않으며, 다양한 경험을 통해 발달합니다. 그길에 친구가 되고자 노력합니다.

2학년에게 꼭 필요한 구구단 (수학 익힘책)

초판 1쇄 발행 | 2022년 1월 10일

지 은 이   이젠수학연구소
펴 낸 이   임요병
펴 낸 곳   ㈜이젠교육
출판등록   제 2020-000073호
주   소   서울시 영등포구 양평로 22길 21
          코오롱디지털타워 404호
전   화   (02)324-1600
팩   스   (031)941-9611
인스타그램 @ezeneducation
블 로 그   http://blog.naver.com/ezeneducation

@이젠교육
ISBN 979-11-90880-66-4

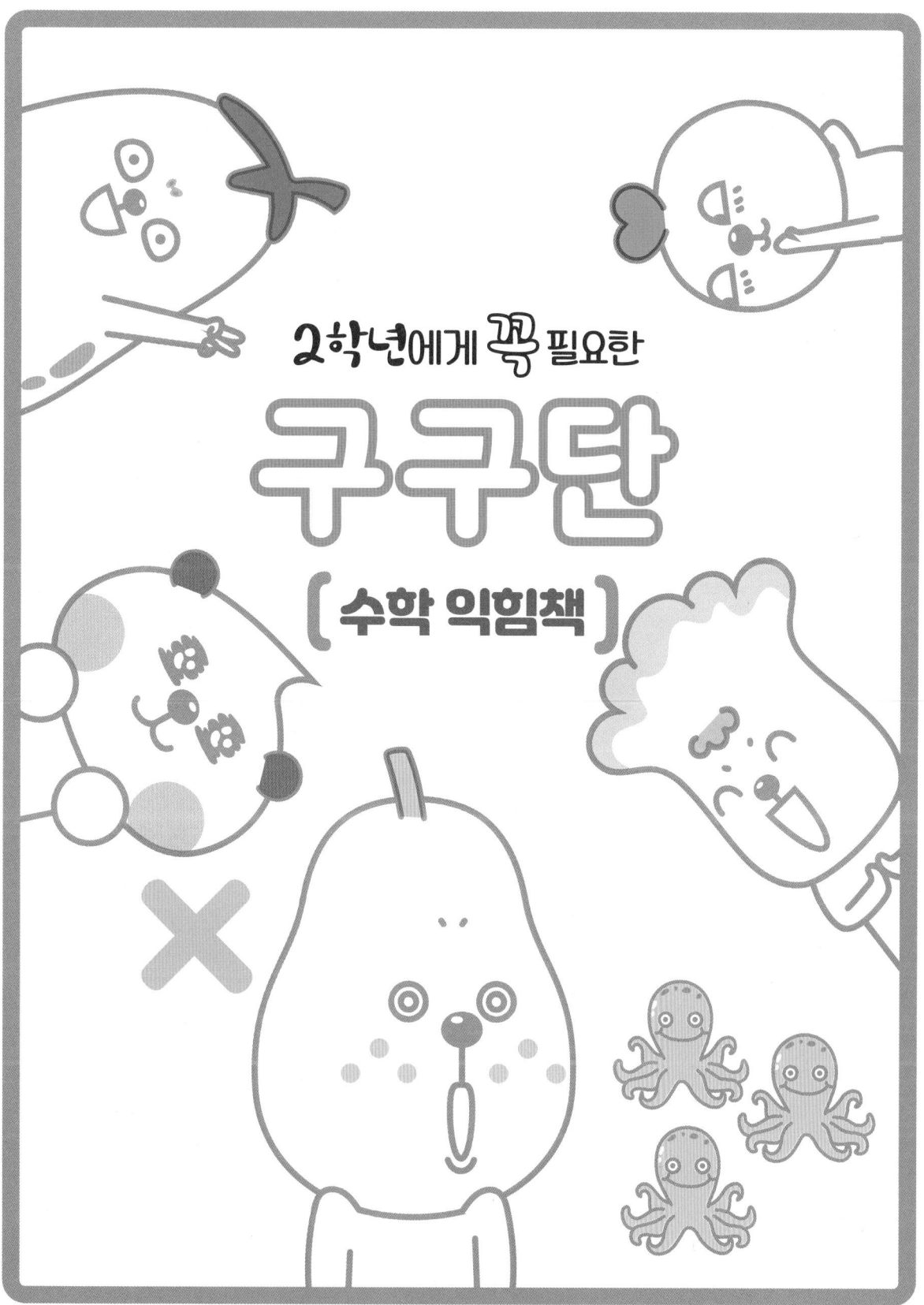

2학년에게 꼭 필요한

구구단

(수학 익힘책)

구성과 특징

- ● **2학년에게 꼭 필요한 수학 익힘책**

수학 교육 트랜드에 맞게 수학 교육과정을
영역별 중요 단원으로 모아 계통 학습이 가능한
혼공 시대에 꼭 필요한 수학 테마 학습법입니다.

주제별 4쪽 기초 학력 강화!

1 개념을 배워요

키워드 개념 학습으로 그림과
구조화된 개념 설명을
캐릭터를 이용하여 재미있게
이해하는 습관을 길러요!

2 문제로 개념을 확인해요

다양한 활동 학습으로
정확하고 빠르게 푸는 습관을 길러요!

단원별 기초 문장제, 마무리 정리 학습!

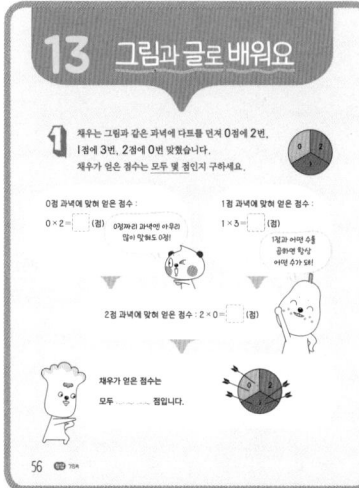

13 그림과 글로 배워요

1 채우는 그림과 같은 과녁에 다트를 던져 0점에 2번, 1점에 3번, 2점에 0번 맞혔습니다.
채우가 얻은 점수는 모두 몇 점인지 구하세요.

0점 과녁에 맞혀 얻은 점수
$0 \times 2 =$ ☐ (점)

1점 과녁에 맞혀 얻은 점수
$1 \times 3 =$ ☐ (점)

2점 과녁에 맞혀 얻은 점수 : $2 \times 0 =$ ☐ (점)

채우가 얻은 점수는
모두 ☐ 점입니다.

2 달리기 경기에서 1등은 5점, 2등은 3점, 3등은 1점을 얻습니다.
용준이네 반은 1등이 4명, 2등이 3명, 3등이 6명입니다.
용준이네 반이 얻은 점수는 모두 몇 점인지 구하세요.

1등을 한 학생들이 얻은 점수
$5 \times 4 =$ ☐ (점)

2등을 한 학생들이 얻은 점수
$3 \times 3 =$ ☐ (점)

3등을 한 학생들이 얻은 점수
$1 \times 6 =$ ☐ (점)

용준이네 반 학생들이 얻은 점수는
모두 ☐ 점입니다.

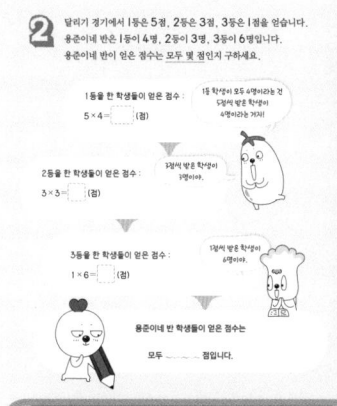

---

3 그림과 글로 배워요

그림을 이용한 문장제로 사고를 통해 해결하는 습관을 길러요!

---

14 마무리 평가

☑ ☐ 안에 두 수의 곱을 쓰세요.

❶ $2 \times 5 =$	❼ $9 \times 7 =$	⓭ $6 \times 5 =$
❷ $3 \times 2 =$	❽ $1 \times 3 =$	⓮ $7 \times 4 =$
❸ $4 \times 8 =$	❾ $0 \times 2 =$	⓯ $8 \times 8 =$
❹ $5 \times 3 =$	❿ $2 \times 7 =$	⓰ $9 \times 9 =$
❺ $6 \times 2 =$	⓫ $3 \times 4 =$	⓱ $1 \times 5 =$
❻ $7 \times 3 =$	⓬ $4 \times 9 =$	⓲ $0 \times 7 =$

☑ 두 수의 곱을 쓰고, 가장 큰 곱셈과 가장 작은 곱셈을 찾아 색칠하세요.

3×4	2×5	4×7
1×9	5×2	6×4
8×2	7×3	9×0

1×1	4×4	9×5
5×8	2×6	8×3
6×9	7×7	3×2

5×7	3×8	6×2
2×9	4×3	7×9
1×4	8×6	9×4

2×8	5×6	7×8
4×5	3×6	8×8
9×9	6×5	1×8

9×0	3×7	5×5
8×5	2×7	7×6
4×9	6×4	9×2

2×1	7×4	1×5
5×9	3×5	6×3
8×9	9×7	4×2

---

4 마무리 평가

자신의 학업 성취도를 평가해요!

한눈에 보는 개념 노트

1 2~9단 곱셈구구

×	2	3	4	5	6	7	8	9
2	4	6	8	10	12	14	16	18
3	6	9	12	15	18	21	24	27
4	8	12	16	20	24	28	32	36
5	10	15	20	25	30	35	40	45
6	12	18	24	30	36	42	48	54
7	14	21	28	35	42	49	56	63
8	16	24	32	40	48	56	64	72
9	18	27	36	45	54	63	72	81

* 각 단의 곱은 단의 수만큼씩 커집니다. → 2단은 2씩 커집니다.
* 두 수의 곱은 순서를 바꾸어 곱해도 같습니다. → $3 \times 7 = 21$, $7 \times 3 = 21$

2 1단 곱셈구구, 0의 곱

×	1	2	3	4	5	6	7	8	9
1	1	2	3	4	5	6	7	8	9

* 1단 곱셈구구는 1을 몇 번 더한 것을 나타낸 것이므로 곱은 수만큼이 곱이 됩니다.
* 0은 어떤 수와 곱해도 곱이 0이 됩니다.

3 덧셈표, 곱셈표에서 규칙 찾기

덧셈표

+	0	1	2	3	4	5
0	0	1	2	3	4	5
1	1	2	3	4	5	6
2	2	3	4	5	6	7
3	3	4	5	6	7	8
4	4	5	6	7	8	9
5	5	6	7	8	9	10

* 오른쪽으로 갈수록 1씩 커지는 규칙이 있습니다.
* 아래쪽으로 갈수록 1씩 커지는 규칙이 있습니다.
* 점선을 따라 접었을 때 만나는 수들이 서로 같습니다.

곱셈표

×	1	2	3	4	5	6
1	1	2	3	4	5	6
2	2	4	6	8	10	12
3	3	6	9	12	15	18
4	4	8	12	16	20	24
5	5	10	15	20	25	30
6	6	12	18	24	30	36

* 초록색 선으로 둘러싸인 수들은 3씩 커지는 규칙이 있습니다.
* 보라색 선으로 둘러싸인 수들은 5씩 커지는 규칙이 있습니다.
* 점선을 따라 접었을 때 만나는 수들이 서로 같습니다.

---

5 한눈에 보는 개념 노트

계통별로 핵심 개념을 정리해요!

차례

2학년에게 꼭 필요한
구구단

1. 곱셈구구

구분	단원명	내용
2학년 2학기	곱셈구구	• 2단부터 9단까지 곱셈구구의 구성 원리를 이해할 수 있습니다. • 1단 곱셈구구와 0과 어떤 수의 곱을 이해할 수 있습니다. • 곱셈표를 기초로 한 자리 수의 곱셈을 익숙하게 할 수 있습니다.
2학년 2학기	규칙 찾기	• 덧셈표에서 다양한 규칙을 찾아 설명할 수 있습니다. • 곱셈표에서 다양한 규칙을 찾아 설명할 수 있습니다.

1. 곱셈구구

지도 가이드

곱셈구구, 규칙 찾기 2학년 2학기

1. 2단부터 9단까지의 곱셈구구 원리를 알고, 실생활 문제를 해결하는데 사용할 수 있도록 합니다.

2. 1단 곱셈구구와 0과 어떤 수의 곱을 이해해서 곱셈표를 완성할 수 있도록 합니다.

3. 덧셈표와 곱셈표에서 수의 배열을 보고 커지거나 작아지는 수의 변화에서 규칙을 찾을 수 있도록 합니다.

학습 계획표

번호	쪽수	공부한 날		성취도
01	8~11쪽	월	일	☺ ☹ ☹
02	12~15쪽	월	일	☺ ☹ ☹
03	16~19쪽	월	일	☺ ☹ ☹
04	20~23쪽	월	일	☺ ☹ ☹
05	24~27쪽	월	일	☺ ☹ ☹
06	28~31쪽	월	일	☺ ☹ ☹
07	32~35쪽	월	일	☺ ☹ ☹
08	36~39쪽	월	일	☺ ☹ ☹
09	40~43쪽	월	일	☺ ☹ ☹
10	44~47쪽	월	일	☺ ☹ ☹
11	48~51쪽	월	일	☺ ☹ ☹
12	52~55쪽	월	일	☺ ☹ ☹
13	56~59쪽	월	일	☺ ☹ ☹
14	60~63쪽	월	일	☺ ☹ ☹

01 2단 곱셈구구

학습목표
● 2의 몇 배를 곱셈식으로 나타내서 2단 곱셈구구를 완성해 보세요.
● 2단 곱셈구구를 바르게 쓰고 읽는 연습을 하고, 곱셈구구를 이용해서 문제를 해결해 보세요.

몇 배는 같은 수로 묶인 묶음의 수를 말해!

2의 7배는 2×7로 쓸 수 있어요.

7배

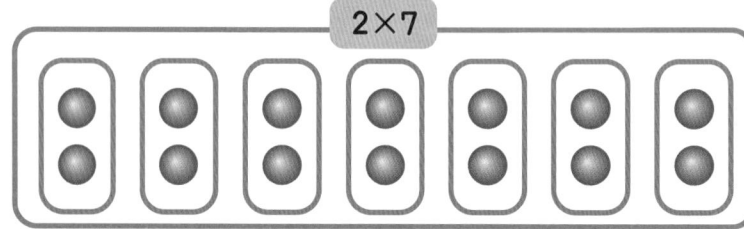

2×7

		쓰기	읽기
2의	1배	2×1=2	2 곱하기 1은 2와 같습니다.
	2배	2×2=4	2 곱하기 2는 4와 같습니다.
	3배	2×3=6	2 곱하기 3은 6과 같습니다.
	4배	2×4=8	2 곱하기 4는 8과 같습니다.
	5배	2×5=10	2 곱하기 5는 10과 같습니다.
	6배	2×6=12	2 곱하기 6은 12와 같습니다.
	7배	2×7=14	2 곱하기 7은 14와 같습니다.
	8배	2×8=16	2 곱하기 8은 16과 같습니다.
	9배	2×9=18	2 곱하기 9는 18과 같습니다.

파란 막대 길이의 몇 배만큼 색칠하고,
□ 안에 알맞은 수를 쓰세요.

2의 3배는
2×3으로 쓸 수 있어!

2

2의 3배

$2 \times 3 = \boxed{}$

2의 5배

$2 \times 5 = \boxed{}$

2의 9배

$2 \times 9 = \boxed{}$

2의 6배

$2 \times 6 = \boxed{}$

2의 8배

$2 \times 8 = \boxed{}$

그림을 곱셈식으로 나타낸 것입니다.
☐ 안에 알맞은 수를 쓰세요.

쓰기

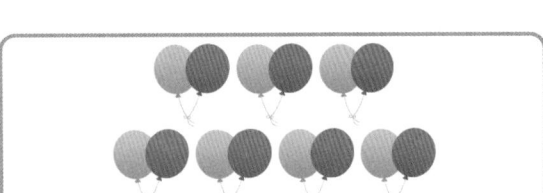

$2 \times 7 =$ ☐

2 곱하기 7은 ☐ 와 같습니다.

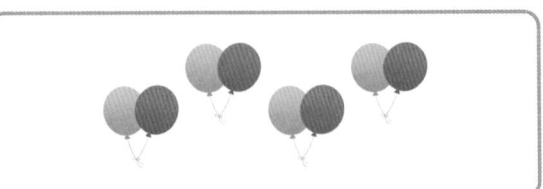

$2 \times 4 =$ ☐

2 곱하기 4는 ☐ 과 같습니다.

$2 \times 5 =$ ☐

2 곱하기 5는 ☐ 과 같습니다.

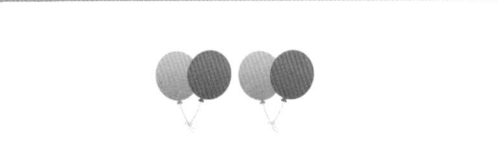

$2 \times 2 =$ ☐

2 곱하기 2는 ☐ 와 같습니다.

$2 \times 3 =$ ☐

2 곱하기 3은 ☐ 과 같습니다.

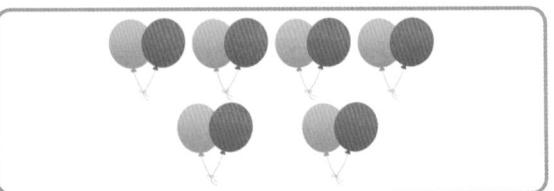

$2 \times 6 =$ ☐

2 곱하기 6은 ☐ 와 같습니다.

올바른 곱셈식이 되는 칸을 색칠하세요.

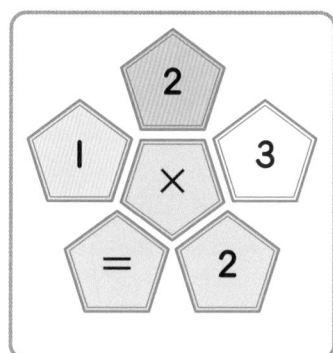

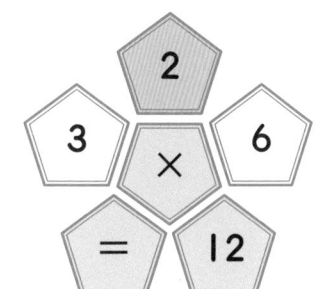

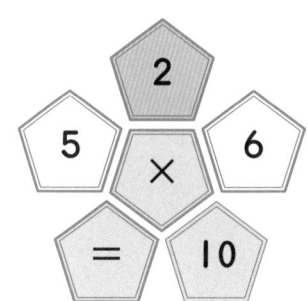

2와 곱해서 2가
되는 수는 1이야!
$2 \times 1 = 2$

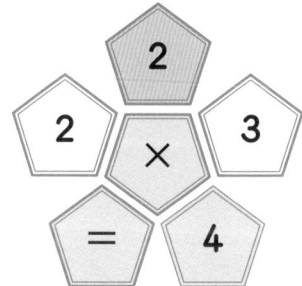

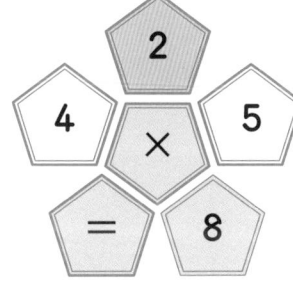

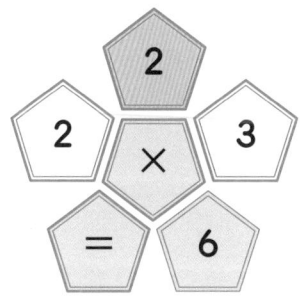

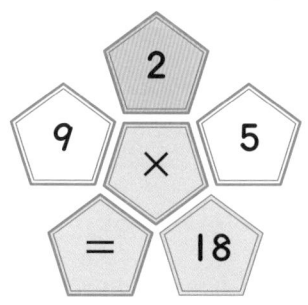

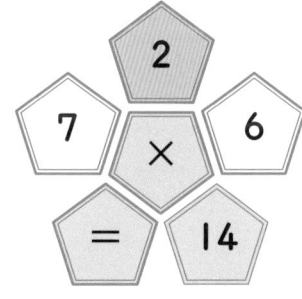

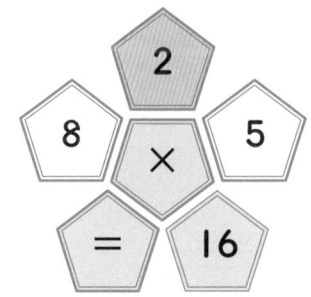

02 5단 곱셈구구

학습목표
- 5의 몇 배를 곱셈식으로 나타내서 5단 곱셈구구를 완성해 보세요.
- 5단 곱셈구구를 바르게 쓰고 읽는 연습을 하고, 곱셈구구를 이용해서 문제를 해결해 보세요.

5개씩 몇 묶음이 있는지 세어 볼까?

5의 4배는 5×4로 쓸 수 있어요.

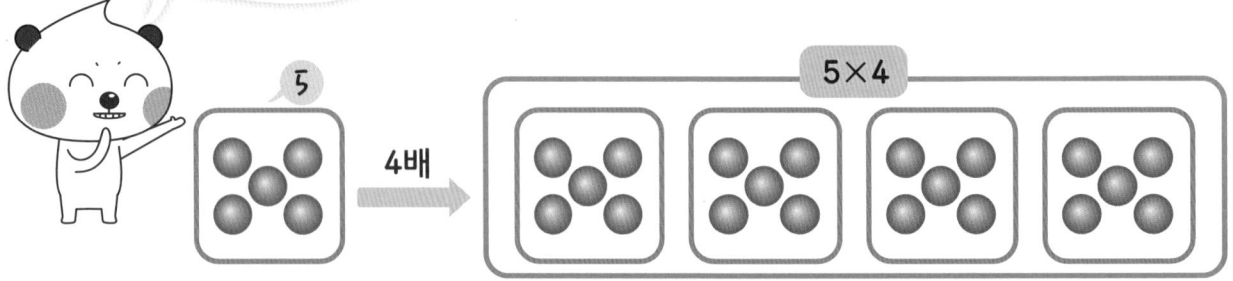

		쓰기	읽기
5의	1배	5×1=5	5 곱하기 1은 5와 같습니다.
	2배	5×2=10	5 곱하기 2는 10과 같습니다.
	3배	5×3=15	5 곱하기 3은 15와 같습니다.
	4배	5×4=20	5 곱하기 4는 20과 같습니다.
	5배	5×5=25	5 곱하기 5는 25와 같습니다.
	6배	5×6=30	5 곱하기 6은 30과 같습니다.
	7배	5×7=35	5 곱하기 7은 35와 같습니다.
	8배	5×8=40	5 곱하기 8은 40과 같습니다.
	9배	5×9=45	5 곱하기 9는 45와 같습니다.

파란 구슬의 몇 배만큼 그리고,
□ 안에 알맞은 수를 쓰세요.

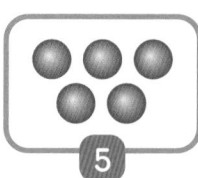  3배

5의 □ 배 → 5 × □ = □

  2배

5의 □ 배 → 5 × □ = □

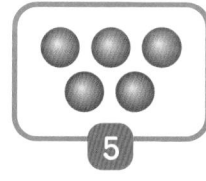  5배

5의 □ 배 → 5 × □ = □

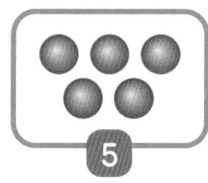  6배

5의 □ 배 → 5 × □ = □

그림을 곱셈식으로 나타낸 것입니다.
□ 안에 알맞은 수를 쓰세요.

5×7 = ☐

5 곱하기 7은 ☐ 와 같습니다.

5×4 = ☐

5 곱하기 4는 ☐ 과 같습니다.

5×3 = ☐

5 곱하기 3은 ☐ 와 같습니다.

5×6 = ☐

5 곱하기 6은 ☐ 과 같습니다.

5×8 = ☐

5 곱하기 8은 ☐ 과 같습니다.

5×9 = ☐

5 곱하기 9는 ☐ 와 같습니다.

올바른 곱셈식이 되도록 선을 연결하세요.

$5 \times \begin{matrix} 3 \\ 1 \\ 2 \end{matrix} = 10$

$5 \times \begin{matrix} 2 \\ 9 \\ 6 \end{matrix} = 45$

$5 \times \begin{matrix} 2 \\ 6 \\ 8 \end{matrix} = 40$

$5 \times \begin{matrix} 7 \\ 6 \\ 3 \end{matrix} = 35$

$5 \times \begin{matrix} 6 \\ 8 \\ 4 \end{matrix} = 30$

$5 \times \begin{matrix} 8 \\ 4 \\ 6 \end{matrix} = 20$

$5 \times \begin{matrix} 7 \\ 5 \\ 9 \end{matrix} = 25$

$5 \times \begin{matrix} 3 \\ 5 \\ 7 \end{matrix} = 15$

03 3단 곱셈구구

학습목표
- 3의 몇 배를 곱셈식으로 나타내서 3단 곱셈구구를 완성해 보세요.
- 3단 곱셈구구를 바르게 쓰고 읽는 연습을 하고,
  곱셈구구를 이용해서 문제를 해결해 보세요.

3개씩 몇 묶음이
있는지 세어 볼까?

3의 9배는 3×9로 쓸 수 있어요.

 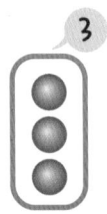 9배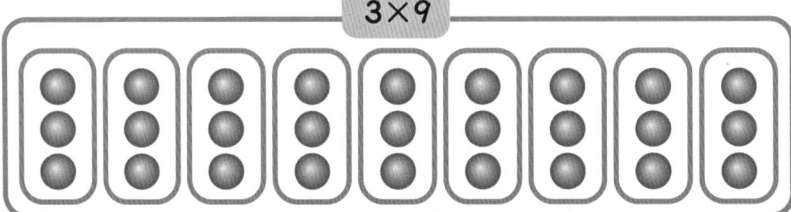

		쓰기	읽기
3의	1배	3×1=3	3 곱하기 1은 3과 같습니다.
	2배	3×2=6	3 곱하기 2는 6과 같습니다.
	3배	3×3=9	3 곱하기 3은 9와 같습니다.
	4배	3×4=12	3 곱하기 4는 12와 같습니다.
	5배	3×5=15	3 곱하기 5는 15와 같습니다.
	6배	3×6=18	3 곱하기 6은 18과 같습니다.
	7배	3×7=21	3 곱하기 7은 21과 같습니다.
	8배	3×8=24	3 곱하기 8은 24와 같습니다.
	9배	3×9=27	3 곱하기 9는 27과 같습니다.

파란 구슬의 몇 배만큼 그리고,
□ 안에 알맞은 수를 쓰세요.

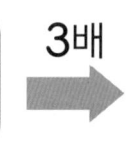 3배

3의 ☐ 배 → 3 × ☐ = ☐

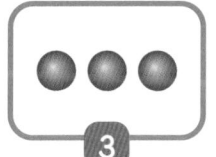 2배

3의 ☐ 배 → 3 × ☐ = ☐

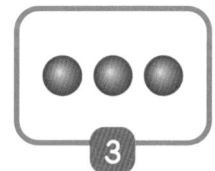 5배

3의 ☐ 배 → 3 × ☐ = ☐

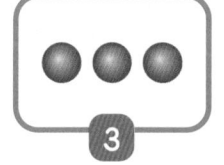 6배

3의 ☐ 배 → 3 × ☐ = ☐

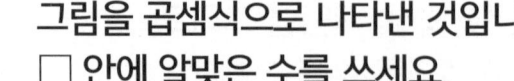

쓰기

그림을 곱셈식으로 나타낸 것입니다.
□ 안에 알맞은 수를 쓰세요.

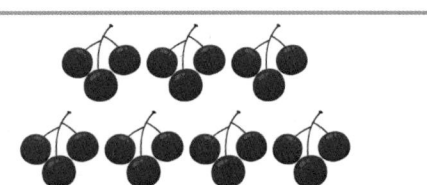

$3 \times 7 =$ ☐

3 곱하기 7은 ☐ 과 같습니다.

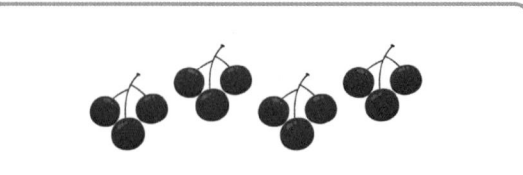

$3 \times 4 =$ ☐

3 곱하기 4는 ☐ 와 같습니다.

$3 \times 5 =$ ☐

3 곱하기 5는 ☐ 와 같습니다.

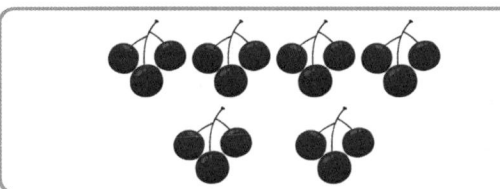

$3 \times 6 =$ ☐

3 곱하기 6은 ☐ 과 같습니다.

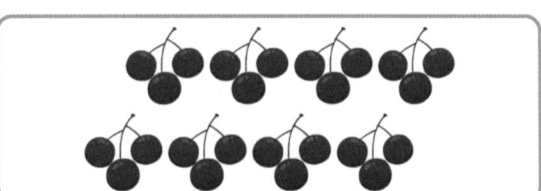

$3 \times 8 =$ ☐

3 곱하기 8은 ☐ 와 같습니다.

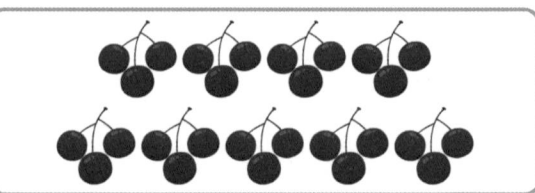

$3 \times 9 =$ ☐

3 곱하기 9는 ☐ 과 같습니다.

올바른 곱셈식이 되는 칸을 색칠하세요.

색칠
하기

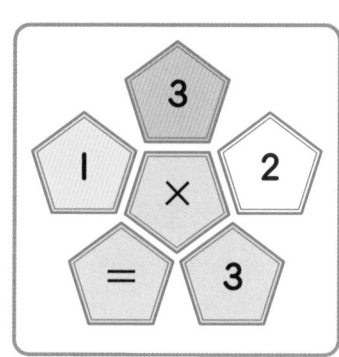

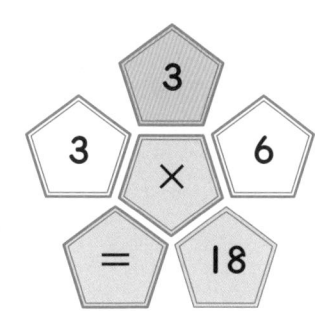

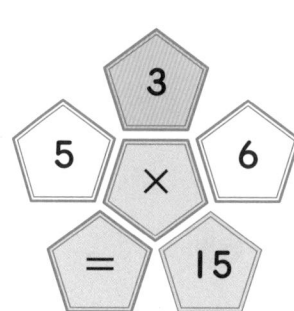

3과 곱해서
3이 되는 수는 1이야!
3 × 1 = 3

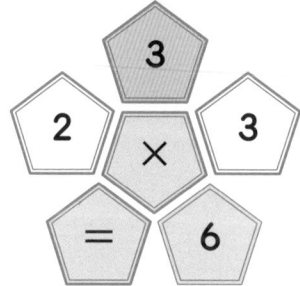

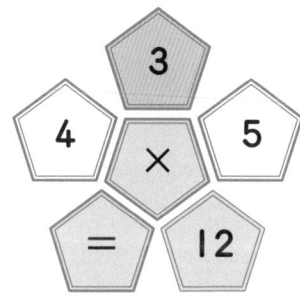

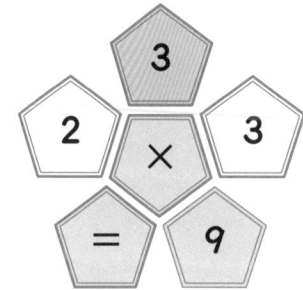

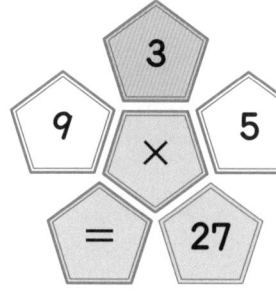

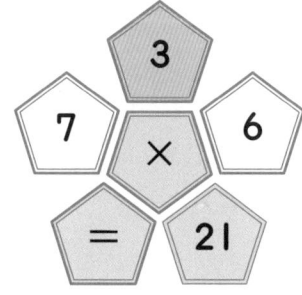

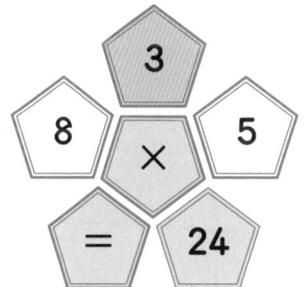

04 6단 곱셈구구

학습목표
- 6의 몇 배를 곱셈식으로 나타내서 6단 곱셈구구를 완성해 보세요.
- 6단 곱셈구구를 바르게 쓰고 읽는 연습을 하고, 곱셈구구를 이용해서 문제를 해결해 보세요.

6개씩 몇 묶음일까?

6의 6배는 6×6으로 쓸 수 있어요.

 6배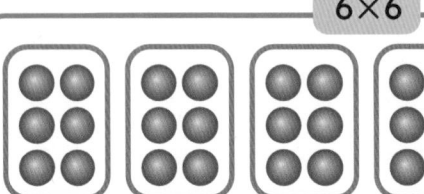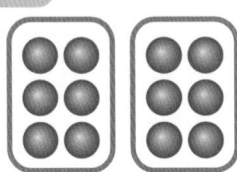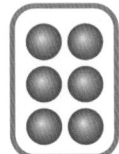

		쓰기	읽기
6의	1배	6×1=6	6 곱하기 1은 6과 같습니다.
	2배	6×2=12	6 곱하기 2는 12와 같습니다.
	3배	6×3=18	6 곱하기 3은 18과 같습니다.
	4배	6×4=24	6 곱하기 4는 24와 같습니다.
	5배	6×5=30	6 곱하기 5는 30과 같습니다.
	6배	6×6=36	6 곱하기 6은 36과 같습니다.
	7배	6×7=42	6 곱하기 7은 42와 같습니다.
	8배	6×8=48	6 곱하기 8은 48과 같습니다.
	9배	6×9=54	6 곱하기 9는 54와 같습니다.

파란 구슬의 몇 배만큼 그리고,
□ 안에 알맞은 수를 쓰세요.

  3배 →

6의 □ 배 → 6 × □ = □

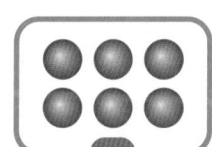  2배 →

6의 □ 배 → 6 × □ = □

  5배 →

6의 □ 배 → 6 × □ = □

  6배 →

6의 □ 배 → 6 × □ = □

그림을 곱셈식으로 나타낸 것입니다.
□ 안에 알맞은 수를 쓰세요.

$6 \times 7 =$ ☐

6 곱하기 7은 ☐ 와 같습니다.

$6 \times 4 =$ ☐

6 곱하기 4는 ☐ 와 같습니다.

$6 \times 5 =$ ☐

6 곱하기 5는 ☐ 과 같습니다.

$6 \times 6 =$ ☐

6 곱하기 6은 ☐ 과 같습니다.

$6 \times 8 =$ ☐

6 곱하기 8은 ☐ 과 같습니다.

$6 \times 9 =$ ☐

6 곱하기 9는 ☐ 와 같습니다.

올바른 곱셈식이 되도록 선을 연결하세요.

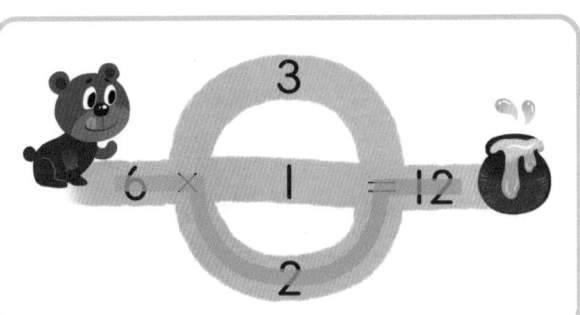

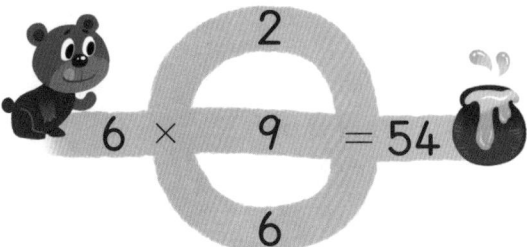

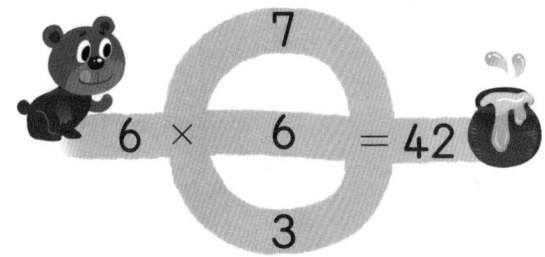

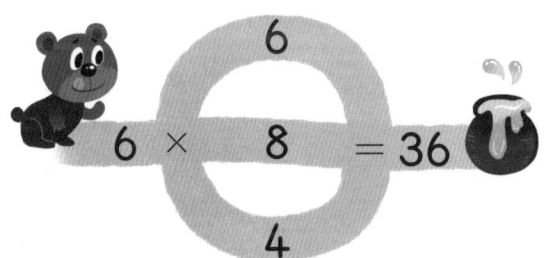

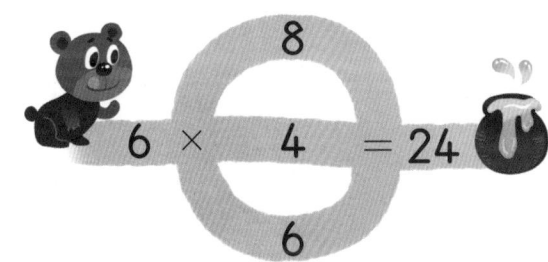

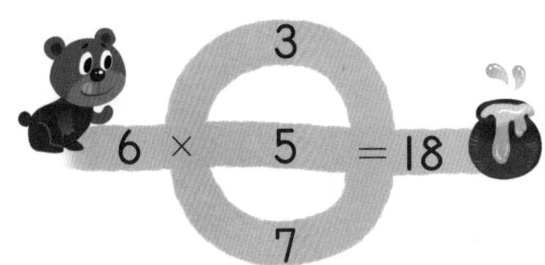

05 4단 곱셈구구

- 4의 몇 배를 곱셈식으로 나타내서 4단 곱셈구구를 완성해 보세요.
- 4단 곱셈구구를 바르게 쓰고 읽는 연습을 하고, 곱셈구구를 이용해서 문제를 해결해 보세요.

묶음의 수를 세면
몇 배인지 알 수 있어!

4의 8배는 4×8로 쓸 수 있어요.

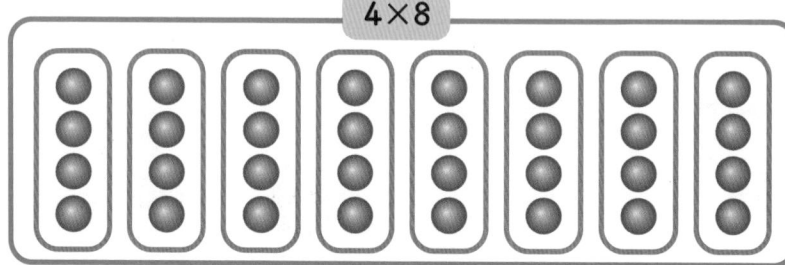

		쓰기	읽기
4의	1배	4×1=4	4 곱하기 1은 4와 같습니다.
	2배	4×2=8	4 곱하기 2는 8과 같습니다.
	3배	4×3=12	4 곱하기 3은 12와 같습니다.
	4배	4×4=16	4 곱하기 4는 16과 같습니다.
	5배	4×5=20	4 곱하기 5는 20과 같습니다.
	6배	4×6=24	4 곱하기 6은 24와 같습니다.
	7배	4×7=28	4 곱하기 7은 28과 같습니다.
	8배	4×8=32	4 곱하기 8은 32와 같습니다.
	9배	4×9=36	4 곱하기 9는 36과 같습니다.

파란 구슬의 몇 배만큼 그리고,
□ 안에 알맞은 수를 쓰세요.

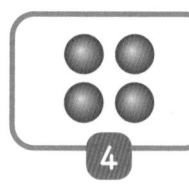  3배

4의 ☐ 배 → 4 × ☐ = ☐

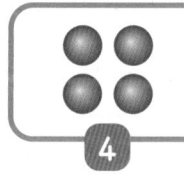  2배

4의 ☐ 배 → 4 × ☐ = ☐

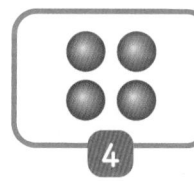  5배

4의 ☐ 배 → 4 × ☐ = ☐

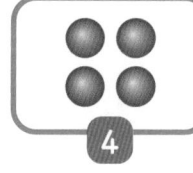  6배

4의 ☐ 배 → 4 × ☐ = ☐

그림을 곱셈식으로 나타낸 것입니다.
□ 안에 알맞은 수를 쓰세요.

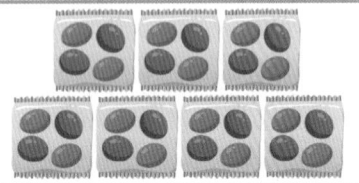

$4 \times 7 = $ □

4 곱하기 7은 □ 과 같습니다.

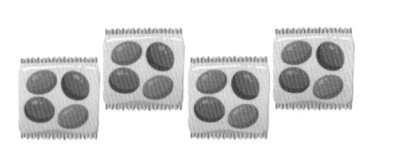

$4 \times 4 = $ □

4 곱하기 4는 □ 과 같습니다.

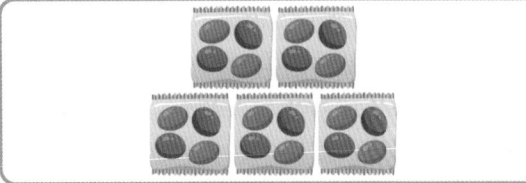

$4 \times 5 = $ □

4 곱하기 5는 □ 과 같습니다.

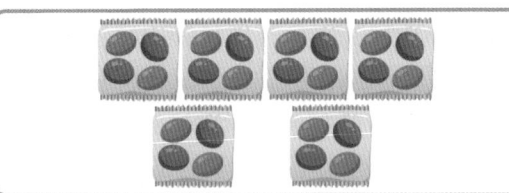

$4 \times 6 = $ □

4 곱하기 6은 □ 와 같습니다.

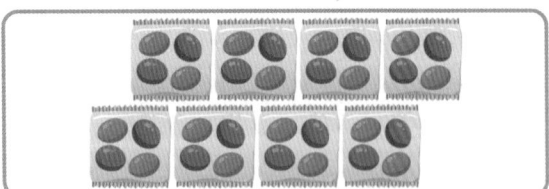

$4 \times 8 = $ □

4 곱하기 8은 □ 와 같습니다.

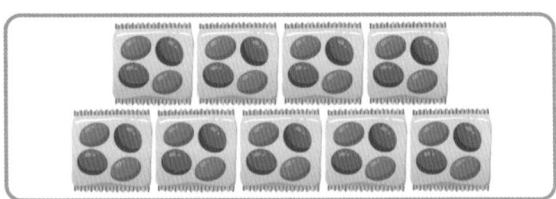

$4 \times 9 = $ □

4 곱하기 9는 □ 과 같습니다.

올바른 곱셈식이 되는 칸을 색칠하세요.

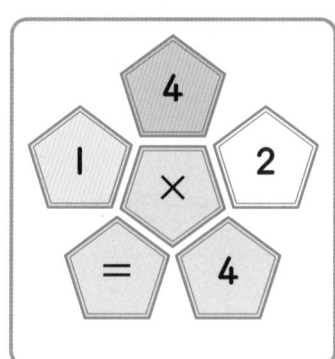

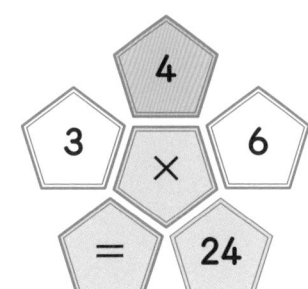

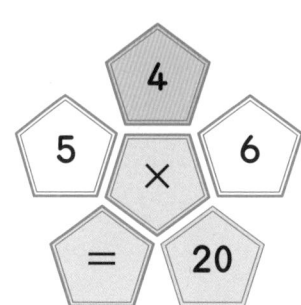

4와 곱해서
4가 되는 수는 1이야!
$4 \times 1 = 4$

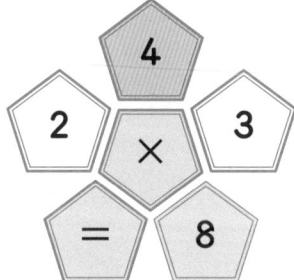

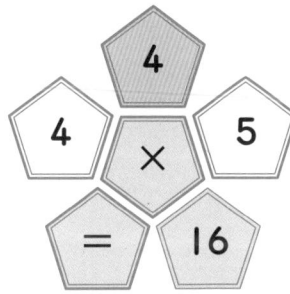

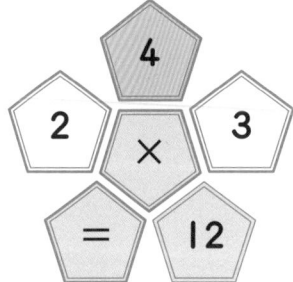

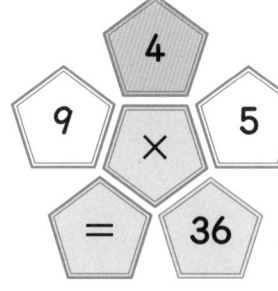

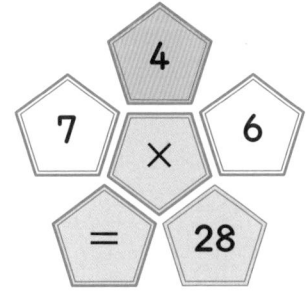

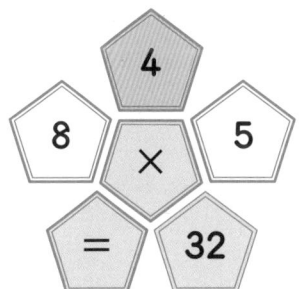

06 8단 곱셈구구

학습목표
● 8의 몇 배를 곱셈식으로 나타내서 8단 곱셈구구를 완성해 보세요.
● 8단 곱셈구구를 바르게 쓰고 읽는 연습을 하고, 곱셈구구를 이용해서 문제를 해결해 보세요.

한 묶음이 8개구나.
이런 묶음이 몇 개인지
세어 봐.

8의 5배는 8×5로 쓸 수 있어요.

5배

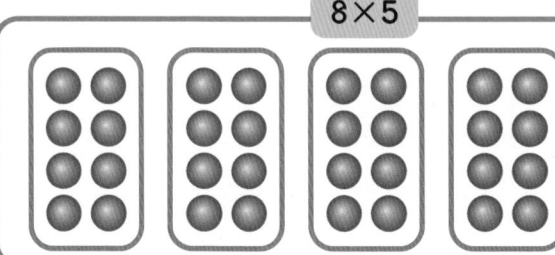

		쓰기	읽기
8의	1배	8×1=8	8 곱하기 1은 8과 같습니다.
	2배	8×2=16	8 곱하기 2는 16과 같습니다.
	3배	8×3=24	8 곱하기 3은 24와 같습니다.
	4배	8×4=32	8 곱하기 4는 32와 같습니다.
	5배	8×5=40	8 곱하기 5는 40과 같습니다.
	6배	8×6=48	8 곱하기 6은 48과 같습니다.
	7배	8×7=56	8 곱하기 7은 56과 같습니다.
	8배	8×8=64	8 곱하기 8은 64와 같습니다.
	9배	8×9=72	8 곱하기 9는 72와 같습니다.

28

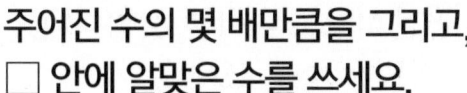

주어진 수의 몇 배만큼을 그리고,
□ 안에 알맞은 수를 쓰세요.

3배

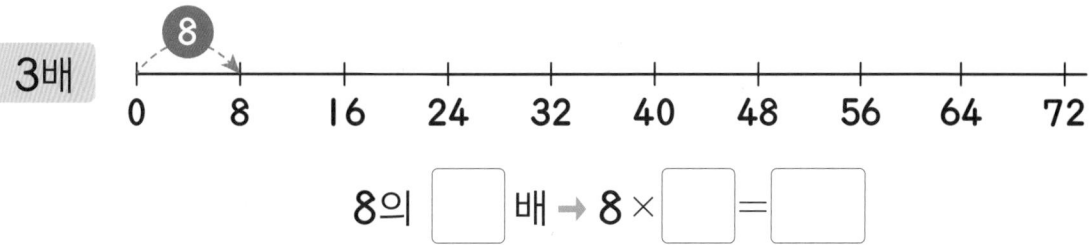

8의 ☐ 배 → 8 × ☐ = ☐

7배

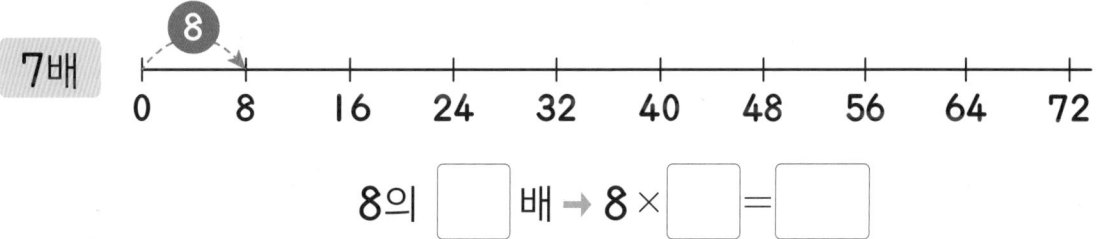

8의 ☐ 배 → 8 × ☐ = ☐

9배

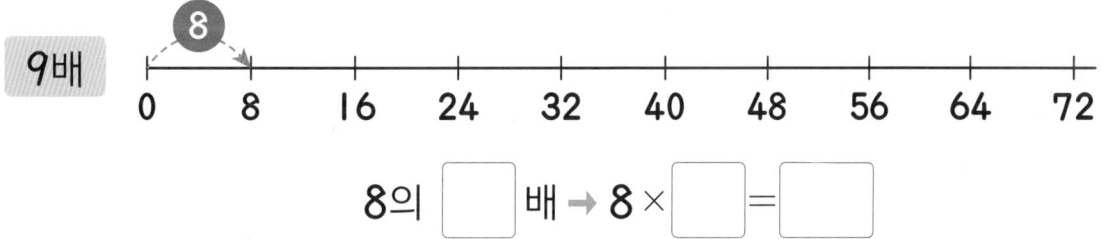

8의 ☐ 배 → 8 × ☐ = ☐

6배

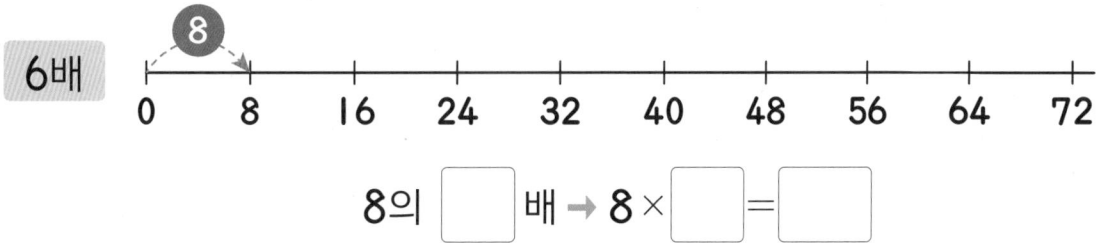

8의 ☐ 배 → 8 × ☐ = ☐

쓰기

그림을 곱셈식으로 나타낸 것입니다.
□ 안에 알맞은 수를 쓰세요.

$8 \times 7 =$ ☐

8 곱하기 7은 ☐ 과 같습니다.

$8 \times 4 =$ ☐

8 곱하기 4는 ☐ 와 같습니다.

$8 \times 5 =$ ☐

8 곱하기 5는 ☐ 과 같습니다.

$8 \times 2 =$ ☐

8 곱하기 2는 ☐ 과 같습니다.

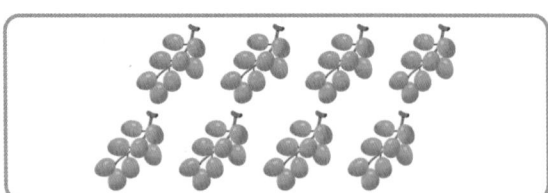

$8 \times 8 =$ ☐

8 곱하기 8은 ☐ 와 같습니다.

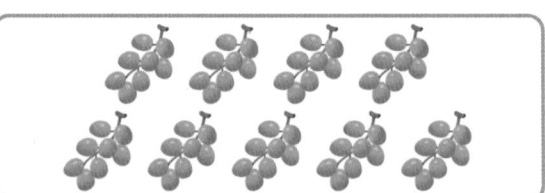

$8 \times 9 =$ ☐

8 곱하기 9는 ☐ 와 같습니다.

올바른 곱셈식이 되도록 선을 연결하세요.

$8 \times 1 = 16$ (3, 1, 2)

$8 \times 9 = 72$ (2, 9, 6)

$8 \times 6 = 64$ (2, 6, 8)

$8 \times 6 = 56$ (7, 6, 3)

$8 \times 8 = 48$ (6, 8, 4)

$8 \times 4 = 32$ (8, 4, 6)

$8 \times 5 = 40$ (7, 5, 9)

$8 \times 5 = 24$ (3, 5, 7)

07 7단 곱셈구구

학습목표
- 7의 몇 배를 곱셈식으로 나타내서 7단 곱셈구구를 완성해 보세요.
- 7단 곱셈구구를 바르게 쓰고 읽는 연습을 하고, 곱셈구구를 이용해서 문제를 해결해 보세요.

똑같은 수로 묶인 것은 몇 배로 할 수 있어!

7의 3배는 7×3으로 쓸 수 있어요.

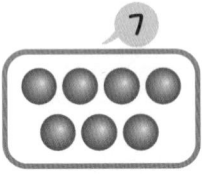

7×3

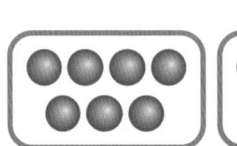 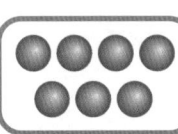 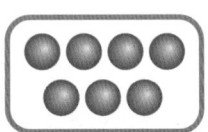

		쓰기	읽기
7의	1배	7×1=7	7 곱하기 1은 7과 같습니다.
	2배	7×2=14	7 곱하기 2는 14와 같습니다.
	3배	7×3=21	7 곱하기 3은 21과 같습니다.
	4배	7×4=28	7 곱하기 4는 28과 같습니다.
	5배	7×5=35	7 곱하기 5는 35와 같습니다.
	6배	7×6=42	7 곱하기 6은 42와 같습니다.
	7배	7×7=49	7 곱하기 7은 49와 같습니다.
	8배	7×8=56	7 곱하기 8은 56과 같습니다.
	9배	7×9=63	7 곱하기 9는 63과 같습니다.

주어진 수의 몇 배만큼을 그리고,
□ 안에 알맞은 수를 쓰세요.

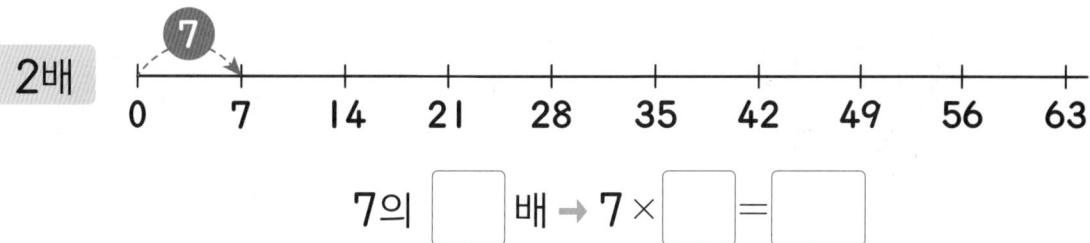

2배

7의 □ 배 → 7 × □ = □

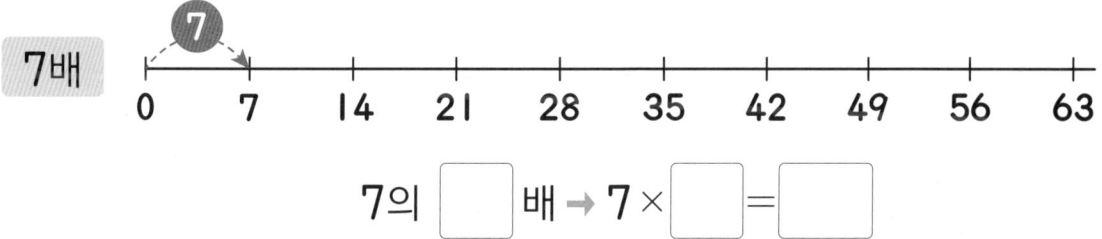

7배

7의 □ 배 → 7 × □ = □

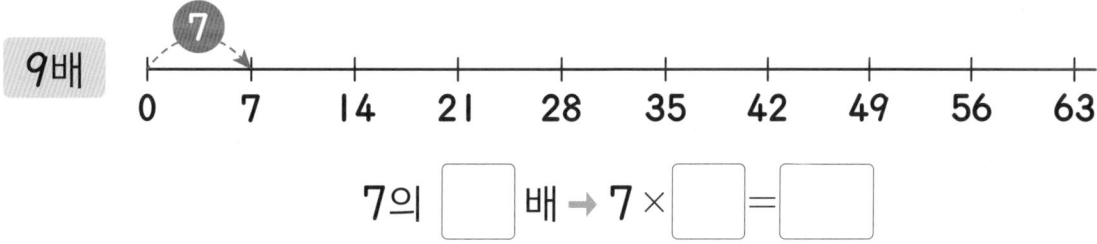

9배

7의 □ 배 → 7 × □ = □

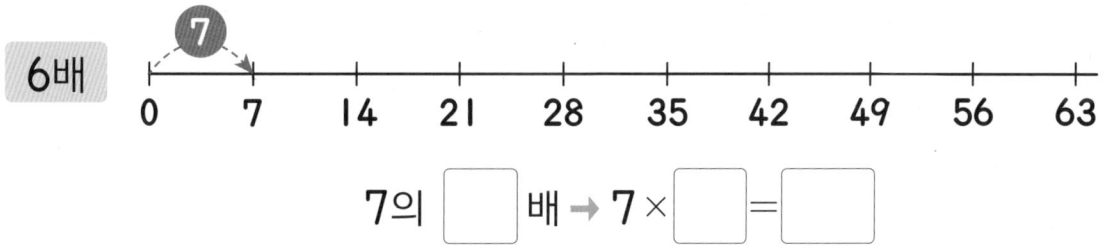

6배

7의 □ 배 → 7 × □ = □

그림을 곱셈식으로 나타낸 것입니다.
□ 안에 알맞은 수를 쓰세요.

$7 \times 5 = $

7 곱하기 5는 □ 와 같습니다.

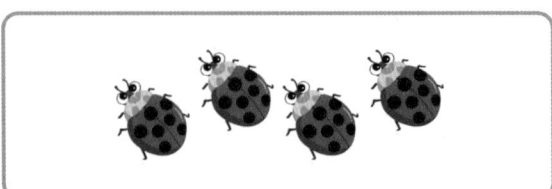

$7 \times 4 = $

7 곱하기 4는 □ 과 같습니다.

$7 \times 3 = $

7 곱하기 3은 □ 과 같습니다.

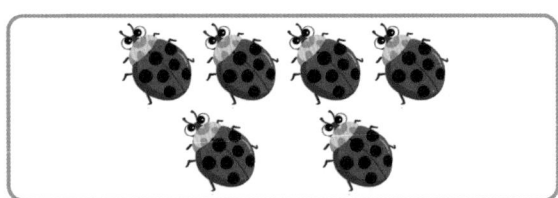

$7 \times 6 = $

7 곱하기 6은 □ 와 같습니다.

$7 \times 8 = $

7 곱하기 8은 □ 과 같습니다.

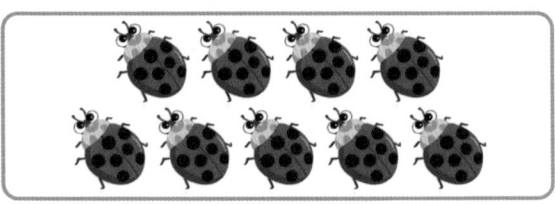

$7 \times 9 = $

7 곱하기 9는 □ 과 같습니다.

올바른 곱셈식이 되는 칸을 색칠하세요.

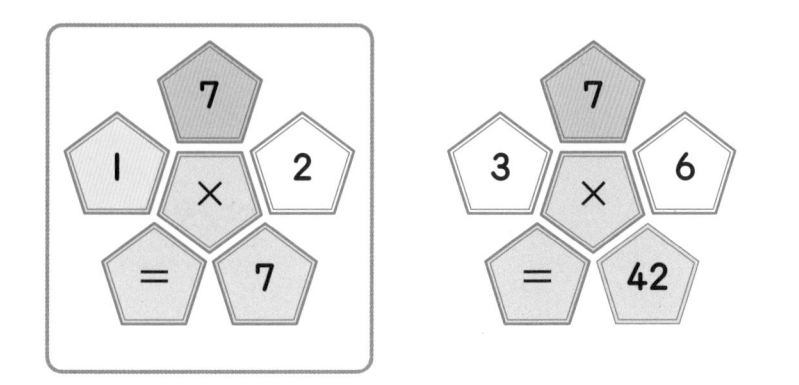

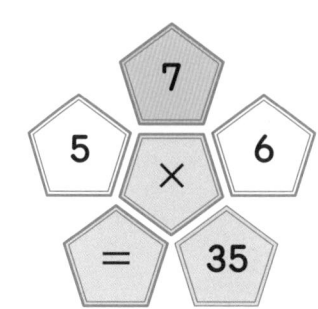

7과 곱해서
7이 되는 수는 1이야!

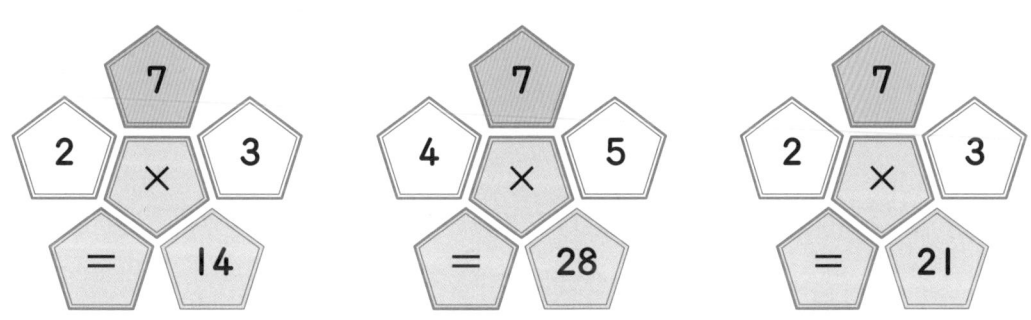

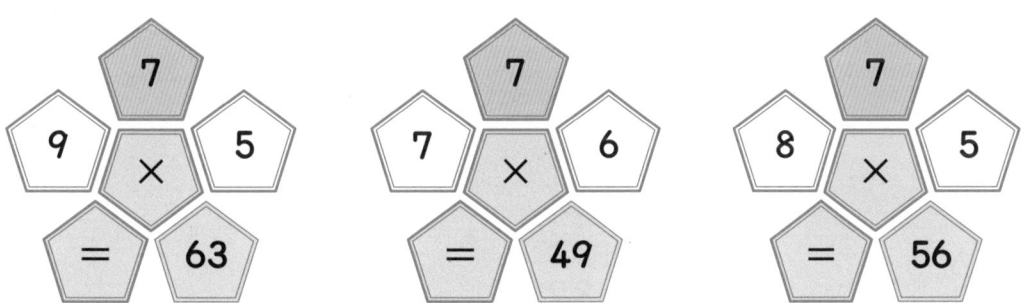

08 9단 곱셈구구

학습목표
● 9의 몇 배를 곱셈식으로 나타내서 9단 곱셈구구를 완성해 보세요.
● 9단 곱셈구구를 바르게 쓰고 읽는 연습을 하고, 곱셈구구를 이용해서 문제를 해결해 보세요.

한 묶음의
수가 커도 마찬가지!

9의 2배는 9×2로 쓸 수 있어요.

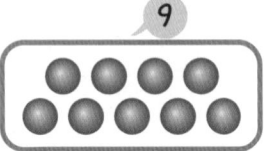

2배

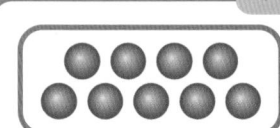

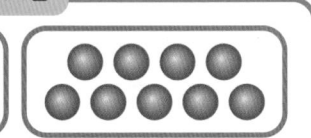

		쓰기	읽기
9의	1배	9×1=9	9 곱하기 1은 9와 같습니다.
	2배	9×2=18	9 곱하기 2는 18과 같습니다.
	3배	9×3=27	9 곱하기 3은 27과 같습니다.
	4배	9×4=36	9 곱하기 4는 36과 같습니다.
	5배	9×5=45	9 곱하기 5는 45와 같습니다.
	6배	9×6=54	9 곱하기 6은 54와 같습니다.
	7배	9×7=63	9 곱하기 7은 63과 같습니다.
	8배	9×8=72	9 곱하기 8은 72와 같습니다.
	9배	9×9=81	9 곱하기 9는 81과 같습니다.

주어진 수의 몇 배만큼을 그리고,
□ 안에 알맞은 수를 쓰세요.

3배

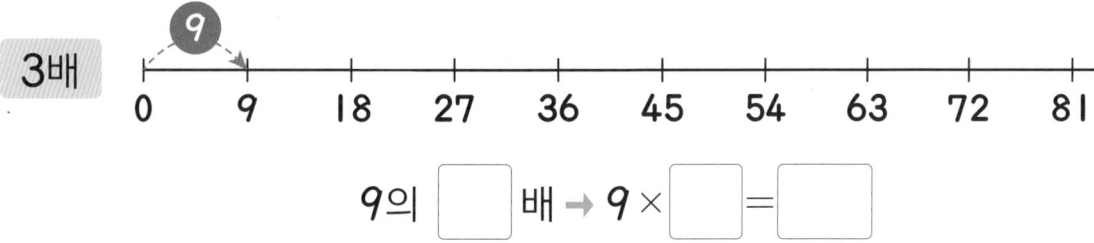

9의 [ ] 배 → 9 × [ ] = [ ]

7배

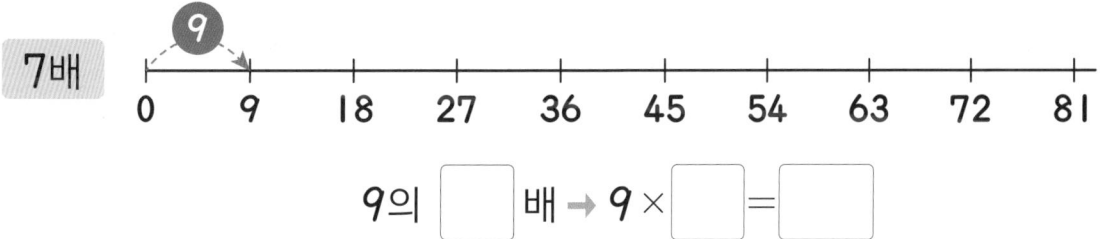

9의 [ ] 배 → 9 × [ ] = [ ]

9배

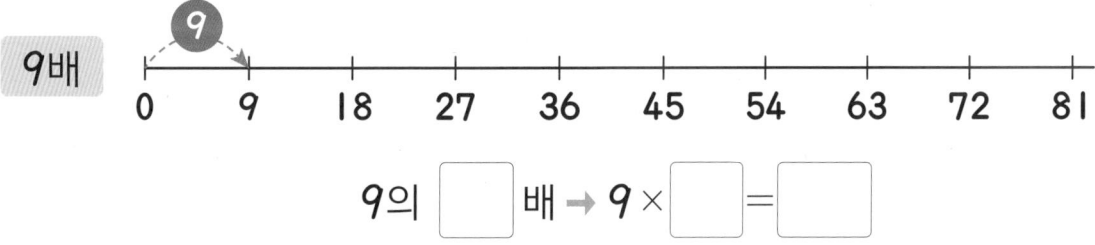

9의 [ ] 배 → 9 × [ ] = [ ]

6배

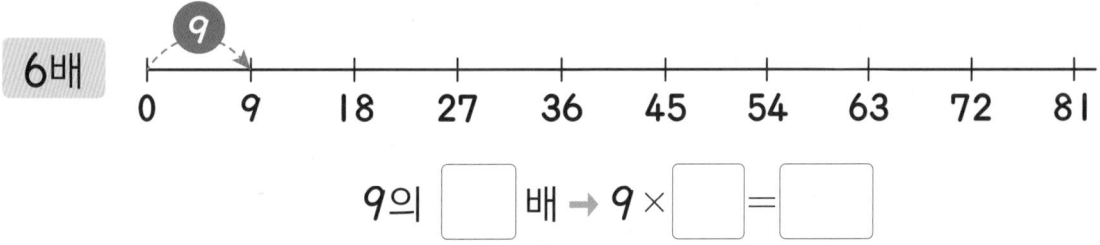

9의 [ ] 배 → 9 × [ ] = [ ]

그림을 곱셈식으로 나타낸 것입니다.
□ 안에 알맞은 수를 쓰세요.

$9 \times 2 =$ ☐

9 곱하기 2는 ☐ 과 같습니다.

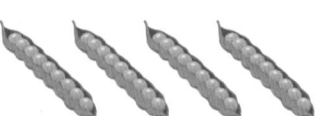

$9 \times 4 =$ ☐

9 곱하기 4는 ☐ 과 같습니다.

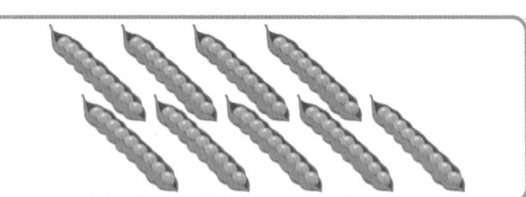

$9 \times 5 =$ ☐

9 곱하기 5는 ☐ 와 같습니다.

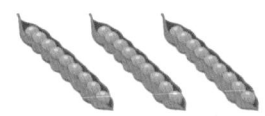

$9 \times 3 =$ ☐

9 곱하기 3은 ☐ 과 같습니다.

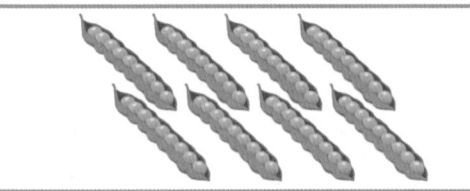

$9 \times 9 =$ ☐

9 곱하기 9는 ☐ 과 같습니다.

$9 \times 8 =$ ☐

9 곱하기 8은 ☐ 와 같습니다.

올바른 곱셈식이 되도록 선을 연결하세요.

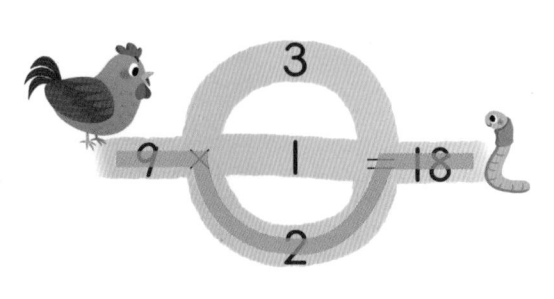

3
9 × 1 = 18
2

2
9 × 9 = 81
6

2
9 × 6 = 72
8

7
9 × 6 = 63
3

6
9 × 8 = 54
4

8
9 × 4 = 36
6

7
9 × 5 = 45
9

3
9 × 5 = 27
7

09 1단 곱셈구구, 0의 곱

학습목표
- 1단 곱셈구구와 구성 원리를 이해하고, 0과 어떤 수의 곱을 이해할 수 있어요.
- 1단 곱셈구구와 0의 곱을 이용하여 문제를 해결할 수 있어요.

접시 한 개에 사과 한 개가 놓여 있어!

1과 어떤 수의 곱은 어떤 수예요.
0과 어떤 수의 곱은 0이에요.

사과의 수	덧셈식	곱셈식
	I	I×I=I
	I+I=2	I×2=2
	I+I+I=3	I×3=3
	I+I+I+I=4	I×4=4
	I+I+I+I+I=5	I×5=5
	I+I+I+I+I+I=6	I×6=6
	I+I+I+I+I+I+I=7	I×7=7
	I+I+I+I+I+I+I+I=8	I×8=8
	I+I+I+I+I+I+I+I+I=9	I×9=9

빈 접시는 많이 놓아도 사과의 수는 늘어나지 않습니다.

×	I	2	3	4	5	6	7	8	9
0	0	0	0	0	0	0	0	0	0

0×(어떤 수)=0

□ 안에 알맞은 수를 쓰세요.

$1 \times 1 = \boxed{}$

$0 \times 3 = \boxed{}$

$1 \times 4 = \boxed{}$

$0 \times 2 = \boxed{}$

$1 \times 0 = \boxed{}$

$1 \times 5 = \boxed{}$

$0 \times 6 = \boxed{}$

$1 \times 8 = \boxed{}$

1과 어떤 수의 곱은
어떤 수가 되고,
0과 어떤 수의 곱은
모두 0이 된다고!

$1 \times 0 = \boxed{}$

$8 \times \boxed{} = 0$

$1 \times \boxed{} = 7$

$9 \times \boxed{} = 0$

$1 \times \boxed{} = 3$

$1 \times \boxed{} = 5$

$7 \times \boxed{} = 0$

$1 \times \boxed{} = 4$

$5 \times \boxed{} = 0$

$1 \times \boxed{} = 6$

그림을 곱셈식으로 나타낸 것입니다.
□ 안에 알맞은 수를 쓰세요.

$1 \times 7 =$ □

1 곱하기 7은 □ 과 같습니다.

$0 \times 4 =$ □

0 곱하기 4는 □ 과 같습니다.

$1 \times 6 =$ □

1 곱하기 6은 □ 과 같습니다.

$1 \times 8 =$ □

1 곱하기 8은 □ 과 같습니다.

$0 \times 9 =$ □

0 곱하기 9는 □ 과 같습니다.

$1 \times 5 =$ □

1 곱하기 5는 □ 와 같습니다.

올바른 답을 따라 갔을 때 만나는 물고기에 ○표 하세요.

출발

| 1×4 | →1 | 0×5 | →0 | 1×6 |

4

0×7 →0 1의 5배 →5 8×0

7   1   0

9×0 →0 1×3 →4 1×9

9   3   9

0+0+0 →0 1의 7배 →7 6×0

3   1   0

10 곱셈표 만들기

- 곱셈표를 기초로 한 자리 수의 곱셈을 익숙하게 할 수 있어요.
- 곱셈표를 만들고 두 수를 바꾸어 곱해도 계산 결과가 같음을 알 수 있어요.

가로, 세로에서 같은 단의 곱셈구구를 볼 수 있어.

곱셈에서 곱하는 두 수의 순서를 서로 바꾸어도 곱은 같아요.

곱하는 두 수의 순서를 서로 바꾸어도 곱은 같습니다.
$6 \times 7 = 42, 7 \times 6 = 42$

4단 곱셈구구에서는 곱이 4씩 커집니다.

가로줄과 세로줄이 만나는 칸에 두 수의 곱을 써넣습니다.

×	0	1	2	3	4	5	6	7	8	9
0	0	0	0	0	0	0	0	0	0	0
1	0	1	2	3	4	5	6	7	8	9
2	0	2	4	6	8	10	12	14	16	18
3	0	3	6	9	12	15	18	21	24	27
4	0	4	8	12	16	20	24	28	32	36
5	0	5	10	15	20	25	30	35	40	45
6	0	6	12	18	24	30	36	(42)	48	54
7	0	7	14	21	28	35	(42)	49	56	63
8	0	8	16	24	32	40	48	56	64	72
9	0	9	18	27	36	45	54	63	72	81

개념문제 위의 곱셈표를 보고 각 단의 곱셈구구에서 곱이 얼마씩 커지는지 쓰세요.

2단	3단	4단	5단	6단	7단	8단	9단
2씩	3씩	4씩	5씩	6씩	7씩	8씩	9씩

□ 안에 알맞은 수를 써넣고, 곱이 같은 것끼리
선으로 이으세요.

$3 \times 4 =$ ☐ •

• $7 \times 2 =$ ☐

$1 \times 9 =$ ☐ •

• $4 \times 3 =$ ☐

$2 \times 7 =$ ☐ •

• $5 \times 9 =$ ☐

$6 \times 8 =$ ☐ •

• $3 \times 5 =$ ☐

$9 \times 5 =$ ☐ •

• $5 \times 8 =$ ☐

$2 \times 5 =$ ☐ •

• $9 \times 1 =$ ☐

$4 \times 8 =$ ☐ •

• $8 \times 6 =$ ☐

$5 \times 3 =$ ☐ •

• $5 \times 2 =$ ☐

$8 \times 5 =$ ☐ •

• $8 \times 4 =$ ☐

빈칸에 알맞은 수를 써넣어 곱셈표를 완성하세요.

×	0	2	5
0			
1			
2			

×	2	5	7
1			
2			
5			

×	1	3	6
2			
5			
8			

×	4	8	9
3			
7			
9			

×	1	4	6
		12	
5			
		24	

×		6	
2			
4	8		36
8			

×	3	6	
	12		
7			
8			64

×	3	5	
1			8
6			
	27		

올바른 답을 따라 가는 길을 선으로 나타내세요.

3×4 — 15 / 12

6×9 — 54 / 50

5×8 — 45 / 40

28 / 21 — 7×3

1×8 — 1 / 8

2×6 — 12 / 14

32 / 28 — 4×7

64 / 49 — 8×8

9×8 — 72 / 56

0×7 — 7 / 0

11 덧셈표에서 규칙 찾기

- 덧셈표에서 다양한 규칙을 찾고 그 규칙을 이해할 수 있어요.
- 덧셈표를 완성하고 다양한 규칙을 찾을 수 있어요.

곱셈표와 만드는 방법은 똑같지만 곱하는 대신 더해야 해!

덧셈에서 더하는 두 수의 순서를 서로 바꾸어도 합은 같아요.

가로줄에 있는 수와 세로줄에 있는 수가 만나는 곳에 합을 씁니다.

3+5=8

두 수의 합은 순서를 바꾸어도 같습니다.

5+3=8

파란색으로 색칠된 부분을 따라 접으면 만나는 수들이 서로 같아!

+	0	1	2	3	4	5	6	7	8	9
0	0	1	2	3	4	5	6	7	8	9
1	1	2	3	4	5	6	7	8	9	10
2	2	3	4	5	6	7	8	9	10	11
3	3	4	5	6	7	8	9	10	11	12
4	4	5	6	7	8	9	10	11	12	13
5	5	6	7	8	9	10	11	12	13	14
6	6	7	8	9	10	11	12	13	14	15
7	7	8	9	10	11	12	13	14	15	16
8	8	9	10	11	12	13	14	15	16	17
9	9	10	11	12	13	14	15	16	17	18

개념문제

위의 덧셈표를 보고 바르게 말한 것에 ○표 하세요.

- ◯ 줄에서 오른쪽으로 갈수록 (①씩 , 2씩) 커지는 규칙이에요.
- ◯ 줄에서 위쪽으로 갈수록 1씩 (커지는 , 작아지는) 규칙이에요.

덧셈표를 보고 찾을 수 있는 규칙이 바르면 😊,
잘못되었으면 ☹에 색칠하세요.

+	2	4	6	8
1	3	5	7	9
3	5	7	9	11
5	7	9	11	13
7	9	11	13	15

규칙 | 오른쪽으로 갈수록 1씩 커지는 규칙이 있습니다.

규칙 | 덧셈의 결과가 모두 홀수입니다.

+	1	2	3	4
2	3	4	5	6
4	5	6	7	8
6	7	8	9	10
8	9	10	11	12

규칙 | 아래쪽으로 갈수록 2씩 커지는 규칙이 있습니다.

규칙 | 화살표 위에 놓인 수들은 3배씩 커지는 규칙이 있습니다.

+	5	6	7	8
5	10	11	12	13
6	11	12	13	14
7	12	13	14	15
8	13	14	15	16

규칙 | 위쪽으로 올라갈수록 1씩 커지는 규칙이 있습니다.

규칙 | ↗ 방향에는 같은 수가 놓이는 규칙이 있습니다.

빈칸에 알맞은 수를 써넣어 덧셈표를 완성하세요.

+	0	1	3
2			
4			
5			

+	4	5	6
3			
6			
7			

+	6	7	8
1			
3			
5			

+	2	3	4
6			
8			
9			

+	6	8	9
		8	
2			
		12	

+		7	
2			
3	9		11
4			

+	2	5	
	4		
3			
8			15

+	2	5	
0			7
4			
	7		

50 정답 77쪽

덧셈표에서 규칙을 찾아 빈칸에 알맞은 수를 써넣으세요.

+	0	1	2	3	4	5
0	0	1	2	3	4	5
1	1	2	3	4	5	6
2	2	3	4	5	6	7
3	3	4	5	6	7	8
4	4	5	6	7	8	9
5	5	6	7	8	9	10

여기에 있는 수 배열이네!

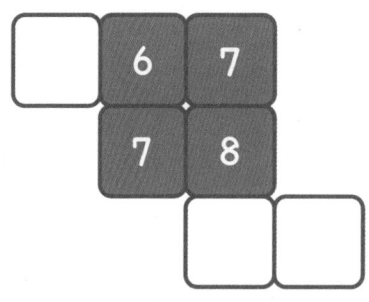

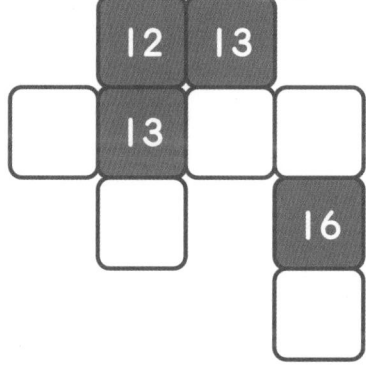

규칙을 찾으면 표에 나와 있지 않아도 알 수 있어.

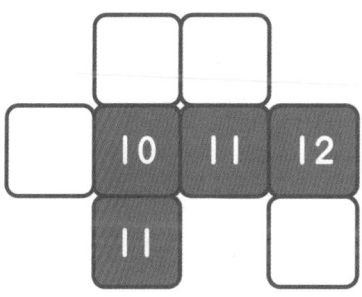

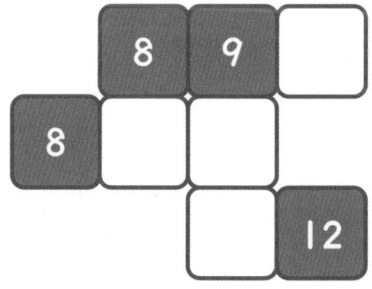

12 곱셈표에서 규칙 찾기

- 곱셈표에서 다양한 규칙을 찾고 그 규칙을 이해할 수 있어요.
- 곱셈표를 완성하고 다양한 규칙을 찾을 수 있어요.

덧셈표인지 곱셈표인지
잘 확인해!

아래쪽, 오른쪽으로 갈수록
각 단의 수만큼 커져요.

×	1	2	3	4	5	6	7	8	9
1	1	2	3	4	5	6	7	8	9
2	2	4	6	8	10	12	14	16	18
3	3	6	9	12	15	18	21	24	27
4	4	8	12	16	20	24	28	32	36
5	5	10	15	20	25	30	35	40	45
6	6	12	18	24	30	36	42	48	54
7	7	14	21	28	35	42	49	56	63
8	8	16	24	32	40	48	56	64	72
9	9	18	27	36	45	54	63	72	81

$4 \times 6 = 24$

두 수의 곱은 순서를
바꾸어도 같습니다.

$6 \times 4 = 24$

파란색으로 색칠된
부분을 따라 접으면
만나는 수들이
서로 같아!

위의 곱셈표를 보고 바르게 말한 것에 ○표 하세요.

· ◯ 줄에서 오른쪽으로 갈수록 (2씩 , (9씩)) 커지는 규칙이에요 .

· ◯ 줄에서 위쪽으로 갈수록 7씩 (커지는 , (작아지는)) 규칙이에요.

곱셈표를 보고 찾을 수 있는 규칙이 바르면 ☺,
잘못되었으면 ☹에 색칠하세요.

×	1	3	5	7
1	1	3	5	7
3	3	9	15	21
5	5	15	25	35
7	7	21	35	49

규칙 빨간색으로 칠해진 곳은 6씩 커지는 규칙이 있습니다.

규칙 노란색으로 칠해진 곳은 7씩 커지는 규칙이 있습니다.

×	2	4	6	8
2	4	8	12	16
4	8	16	24	32
6	12	24	36	48
8	16	32	48	64

규칙 빨간색으로 칠해진 곳은 6씩 커지는 규칙이 있습니다.

규칙 점선을 따라 접으면 만나는 수들이 서로 같은 규칙이 있습니다.

×	3	4	5	6
2	6	8	10	12
3	9	12	15	18
4	12	16	20	24
5	15	20	25	30

규칙 노란색으로 칠해진 곳은 4씩 커지는 규칙이 있습니다.

규칙 점선으로 둘러싸인 수들은 노란색으로 칠해진 곳과 같은 규칙이 있습니다.

규칙에 따라 빈칸에 알맞은 수를 쓰세요.

시계 방향으로 수가 몇씩 커지는지 찾아봐!

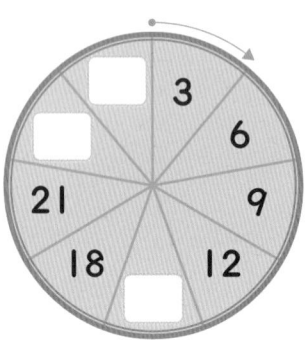

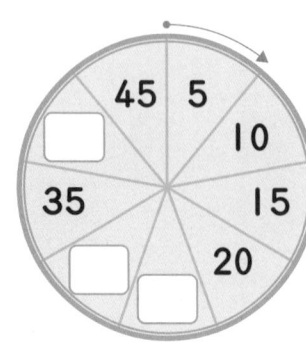

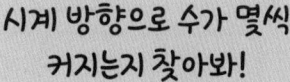

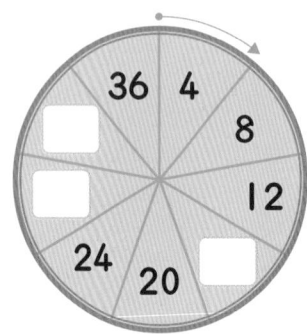

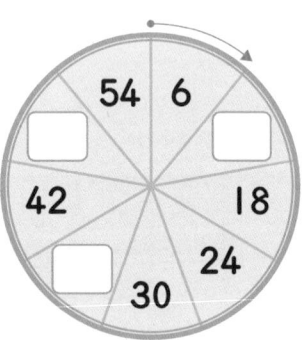

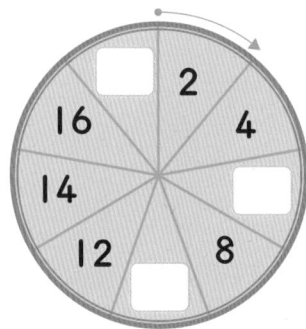

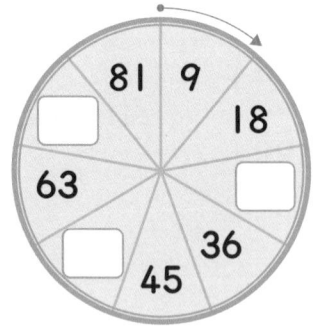

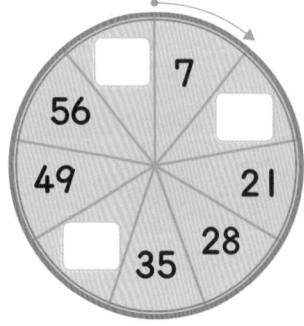

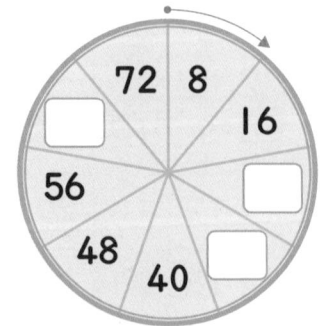

정답 77쪽

쓰기

곱셈표에서 규칙을 찾아 빈칸에 알맞은 수를 써넣으세요.

×	1	2	3	4	5	6
1	1	2	3	4	5	6
2	2	4	6	8	10	12
3	3	6	9	12	15	18
4	4	8	12	16	20	24
5	5	10	15	20	25	30
6	6	12	18	24	30	36

여기에 있는 수 배열이네!

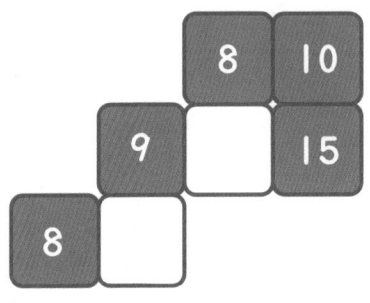

규칙을 찾으면 표에 나와 있지 않아도 알 수 있어.

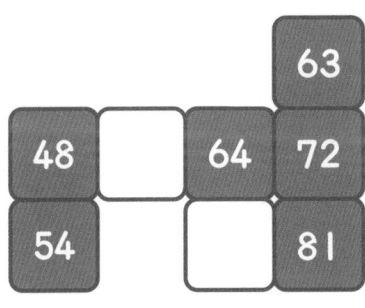

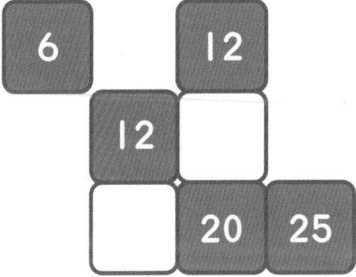

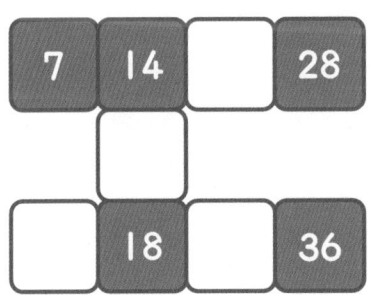

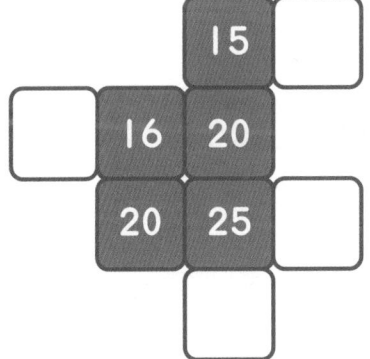

채우는 그림과 같은 과녁에 다트를 던져 0점에 2번,
1점에 3번, 2점에 0번 맞혔습니다.
채우가 얻은 점수는 모두 몇 점인지 구하세요.

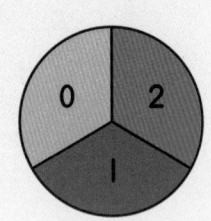

0점 과녁에 맞혀 얻은 점수 :

$0 \times 2 =$ ☐ (점)

0점짜리 과녁엔 아무리
많이 맞혀도 0점!

1점 과녁에 맞혀 얻은 점수 :

$1 \times 3 =$ ☐ (점)

1점과 어떤 수를
곱하면 항상
어떤 수가 돼!

2점 과녁에 맞혀 얻은 점수 : $2 \times 0 =$ ☐ (점)

채우가 얻은 점수는

모두 〰〰〰 점입니다.

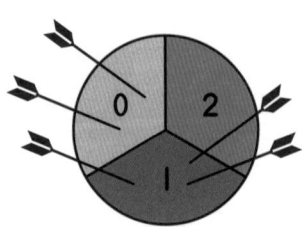

달리기 경기에서 **1**등은 **5**점, **2**등은 **3**점, **3**등은 **1**점을 얻습니다.
용준이네 반은 **1**등이 **4**명, **2**등이 **3**명, **3**등이 **6**명입니다.
용준이네 반이 얻은 점수는 <u>모두 몇 점</u>인지 구하세요.

1등을 한 학생들이 얻은 점수 :

$5 \times 4 = \boxed{}$ (점)

1등 학생이 모두 4명이라는 건 5점씩 받은 학생이 4명이라는 거지!

2등을 한 학생들이 얻은 점수 :

$3 \times 3 = \boxed{}$ (점)

3점씩 받은 학생이 3명이야.

3등을 한 학생들이 얻은 점수 :

$1 \times 6 = \boxed{}$ (점)

1점씩 받은 학생이 6명이야.

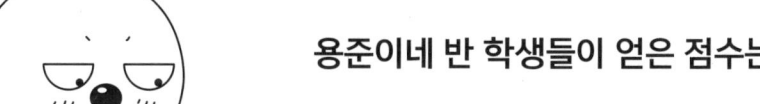

용준이네 반 학생들이 얻은 점수는

모두 ⌇⌇⌇⌇⌇⌇ 점입니다.

3 호준이의 나이는 9살입니다. 호준이 아버지는 호준이 나이의 4배보다 2살이 많다고 합니다. 호준이 아버지의 나이를 구하세요.

조건
① 호준이의 나이 : ☐ 살

② 아버지의 나이 : (호준이 나이)× ☐ 보다 2살 더 많음

풀이
호준이 나이의 4배 : (호준이 나이)× ☐ = ☐

호준이 나이의 4배보다 2살 많음 : ☐ +2= ☐

답 호준이 아버지의 나이는 ～～～ 살입니다.

4 강당에 한 명씩 앉을 수 있는 의자가 70개 있습니다. 남학생은 5명씩 7줄로, 여학생은 6명씩 4줄로 앉았습니다. 빈 의자는 몇 개인지 구하세요.

조건
① 전체 의자 수 : ☐ 개

② 남학생 수 : 5명씩 ☐ 줄, 여학생 수 : 6명씩 ☐ 줄

풀이
남학생 수 : 5× ☐ = ☐ (명)

여학생 수 : 6× ☐ = ☐ (명)

(학생들이 앉은 의자 수)=(남학생 수)+(여학생 수)= ☐

답 학생들이 앉고 남은 빈 의자의 수는 ～～～ 개입니다.

58

5 4장의 숫자 카드 중에서 2장을 뽑아 곱을 구하려고 합니다.
가장 큰 곱과 가장 작은 곱의 차를 구하세요.

| 1 | 4 | 6 | 8 |

조건　① 두 수의 곱이 가장 클 때 뽑아야 할 숫자 카드의 수 : ☐ , ☐

　　　② 두 수의 곱이 가장 작을 때 뽑아야 할 숫자 카드의 수 : ☐ , ☐

풀이　곱이 가장 크려면 가장 큰 두 수를 곱하면 되므로 ☐ × ☐ = ☐

　　　곱이 가장 작으려면 가장 작은 두 수를 곱하면 되므로 ☐ × ☐ = ☐

답　**가장 큰 곱과 가장 작은 곱의 차는 〰〰〰 입니다.**

6 ☐ 안에 들어갈 수 있는 가장 큰 수를 구하세요.

$$8 \times 4 > \boxed{} \times 5$$

조건　① $8 \times 4 =$ ☐

　　　② 5단 곱셈구구 중에서 8과 4의 곱보다 작아지는 곱을 찾아봅니다.

풀이　$8 \times 4 =$ ☐ → ☐ > ☐ × 5

　　　5단 곱셈구구에서 $5 \times 6 =$ ☐ , $5 \times 7 =$ ☐ 입니다.

답　**☐ 안에 들어갈 수 있는 가장 큰 수는 〰〰〰 입니다.**

☑ □ 안에 두 수의 곱을 쓰세요.

❶ 2×5= ☐

❷ 3×2= ☐

❸ 4×8= ☐

❹ 5×3= ☐

❺ 6×2= ☐

❻ 7×3= ☐

❼ 8×6= ☐

❽ 9×7= ☐

❾ 1×3= ☐

❿ 0×2= ☐

⓫ 2×7= ☐

⓬ 3×4= ☐

⓭ 4×9= ☐

⓮ 5×6= ☐

⓯ 6×5= ☐

⓰ 7×4= ☐

⓱ 8×8= ☐

⓲ 9×9= ☐

⓳ 1×5= ☐

⓴ 0×7= ☐

㉑ 6×7= ☐

☑️ 두 수의 곱을 쓰고, 가장 큰 곱셈과 가장 작은 곱셈을 찾아 색칠하세요.

㉒

3×4	2×5	4×7
1×9	5×2	6×4
8×2	7×3	9×0

㉕

1×1	4×4	9×5
5×8	2×6	8×3
6×9	7×7	3×2

㉓

5×7	3×8	6×7
2×9	4×3	7×9
1×4	8×6	9×4

㉖

2×8	5×6	7×8
4×5	3×6	8×8
9×9	6×5	1×8

㉔

9×0	3×7	5×5
8×5	2×7	7×6
4×9	5×4	6×2

㉗

2×1	7×4	1×5
5×9	3×5	6×3
8×9	9×7	4×2

□ 안에 두 수의 곱을 쓰고 곱이 같은 것끼리 선으로 이으세요.

㉘ $3 \times 2 = \boxed{}$ •　　　• $4 \times 2 = \boxed{}$

㉙ $4 \times 8 = \boxed{}$ •　　　• $1 \times 6 = \boxed{}$

㉚ $5 \times 6 = \boxed{}$ •　　　• $6 \times 6 = \boxed{}$

㉛ $6 \times 7 = \boxed{}$ •　　　• $8 \times 4 = \boxed{}$

㉜ $8 \times 5 = \boxed{}$ •　　　• $5 \times 8 = \boxed{}$

㉝ $9 \times 4 = \boxed{}$ •　　　• $6 \times 5 = \boxed{}$

㉞ $1 \times 8 = \boxed{}$ •　　　• $7 \times 6 = \boxed{}$

㉟ $2 \times 6 = \boxed{}$ •　　　• $4 \times 7 = \boxed{}$

㊱ $7 \times 4 = \boxed{}$ •　　　• $4 \times 3 = \boxed{}$

정답 78쪽

덧셈표를 보고 물음에 답하세요.

+	3	4	5	6	7	8	9
1							
3							
5							
7							
9							

가

나

㊲ **가**, **나**에 두 수의 합을 쓰세요.

㊳ **가**는 오른쪽으로 갈수록 합이 ☐ 씩 커집니다.

㊴ **나**는 아래쪽으로 갈수록 합이 ☐ 씩 커집니다.

곱셈표를 보고 물음에 답하세요.

×	1	2	3	4	5	6	7
2							
3							
4							
5							
6							

㊵ 색칠된 칸에 두 수의 곱을 쓰세요.

㊶ 점선으로 둘러싸인 부분에 두 수의 곱을 쓰세요.

㊷ 점선으로 둘러싸인 부분의 수들은 오른쪽으로 갈수록 ☐ 씩 커지는 규칙이 있습니다.

한눈에 보는 개념 노트

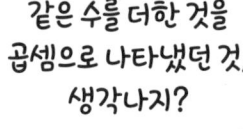같은 수를 더한 것을 곱셈으로 나타냈던 것, 생각나지?

2~9단 곱셈구구

×	1	2	3	4	5	6	7	8	9
2	2	4	6	8	10	12	14	16	18
3	3	6	9	12	15	18	21	24	27
4	4	8	12	16	20	24	28	32	36
5	5	10	15	20	25	30	35	40	45
6	6	12	18	24	30	36	42	48	54
7	7	14	21	28	35	42	49	56	63
8	8	16	24	32	40	48	56	64	72
9	9	18	27	36	45	54	63	72	81

- 각 단의 곱은 단의 수만큼씩 커집니다. → 2단: 2씩 커집니다.
- 두 수의 곱은 순서를 바꾸어 곱해도 같습니다. → $3 \times 7 = 21$, $7 \times 3 = 21$

1단 곱셈구구, 0의 곱

×	1	2	3	4	5	6	7	8	9
1	1	2	3	4	5	6	7	8	9

- 1단 곱셈구구는 1을 몇 번 더한 것을 나타낸 것이므로 곱한 수만큼이 곱이 됩니다.
- 0은 어떤 수와 곱해도 곱이 0이 됩니다.

덧셈표, 곱셈표에서 규칙 찾기

덧셈표

+	0	1	2	3	4	5
0	0	1	2	3	4	5
1	1	2	3	4	5	6
2	2	3	4	5	6	7
3	3	4	5	6	7	8
4	4	5	6	7	8	9
5	5	6	7	8	9	10

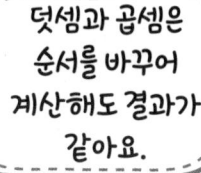

덧셈과 곱셈은 순서를 바꾸어 계산해도 결과가 같아요.

- 오른쪽으로 갈수록 1씩 커지는 규칙이 있습니다.
- 아래쪽으로 갈수록 1씩 커지는 규칙이 있습니다.
- 점선을 따라 접었을 때 만나는 수들이 서로 같습니다.

곱셈표

×	1	2	3	4	5	6
1	1	2	3	4	5	6
2	2	4	6	8	10	12
3	3	6	9	12	15	18
4	4	8	12	16	20	24
5	5	10	15	20	25	30
6	6	12	18	24	30	36

아래쪽, 오른쪽으로 갈수록 각 단의 수만큼 커져!

- 초록색 선으로 둘러싸인 수들은 3씩 커지는 규칙이 있습니다.
- 보라색 선으로 둘러싸인 수들은 5씩 커지는 규칙이 있습니다.
- 점선을 따라 접었을 때 만나는 수들이 서로 같습니다.

수학 퍼즐 맛보기

 수리 기억

오토바이와 헬멧

오토바이 운전자들의 헬멧을 알아내기 위해 각 오토바이에 있는 수식의 결과와 같은 수의 헬멧을 찾아 선으로 이어 보세요.

해답

6 × 3 = 18	5 × 2 = 10	7 × 8 = 56
4 × 2 = 8	9 × 9 = 81	3 × 4 = 12

브레인알파 「연산 퍼즐」 교재 내용입니다.

66

수학 퍼즐 맛보기

수리 기억

여우같은 곱셈

각 곱셈의 계산 결과에서 십의 자리 숫자는 원 안에 넣고
일의 자리 숫자는 네모 안에 넣으세요. 그리고 나서 이 두 숫자를 곱하세요.

$6 × 9 →$ ⑤ $×$ ④ $= \underline{20}$

$5 × 11 →$ ◯ $×$ ☐ $= \underline{}$

$7 × 4 →$ ◯ $×$ ☐ $= \underline{}$

$12 × 6 →$ ◯ $×$ ☐ $= \underline{}$

$8 × 8 →$ ◯ $×$ ☐ $= \underline{}$

해답

$5 × 11 →$ ⑤ $×$ ⑤ $= \underline{25}$ $12 × 6 →$ ⑦ $×$ ② $= \underline{14}$

$7 × 4 →$ ② $×$ ⑧ $= \underline{16}$ $8 × 8 →$ ⑥ $×$ ④ $= \underline{24}$

브레인알파 「연산 퍼즐」 교재 내용입니다.

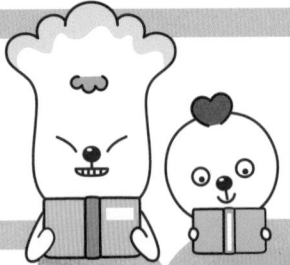

수학 퍼즐 맛보기

비교 기억

짝을 찾아라!

수식의 값이 같은 것끼리 연결하세요.

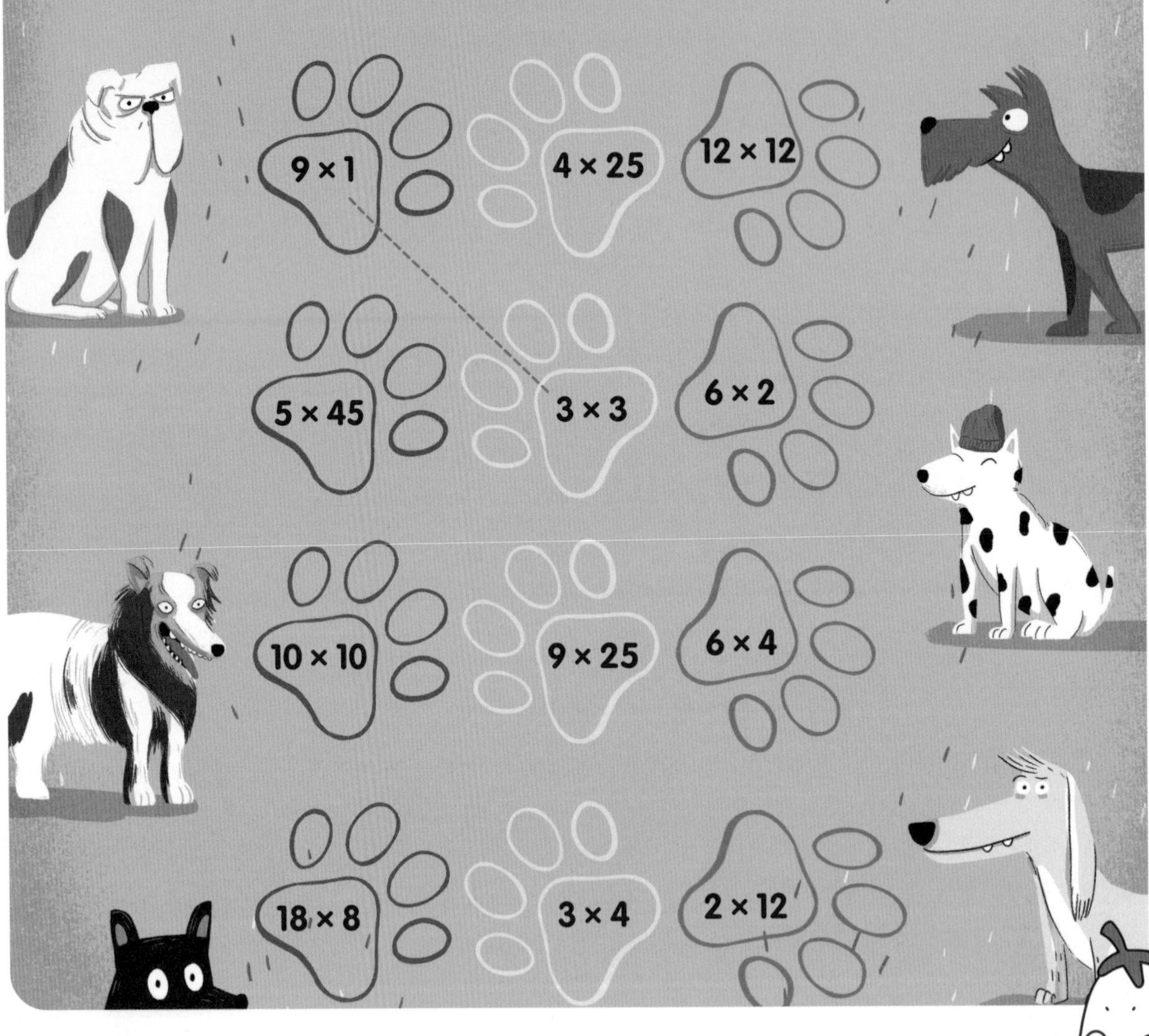

9 × 1
4 × 25
12 × 12
5 × 45
3 × 3
6 × 2
10 × 10
9 × 25
6 × 4
18 × 8
3 × 4
2 × 12

해답

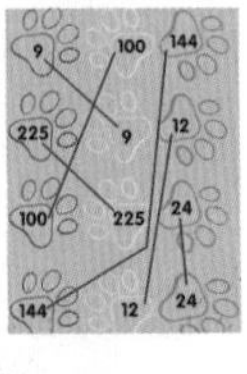

9
100
144
225
9
12
100
225
24
144
12
24

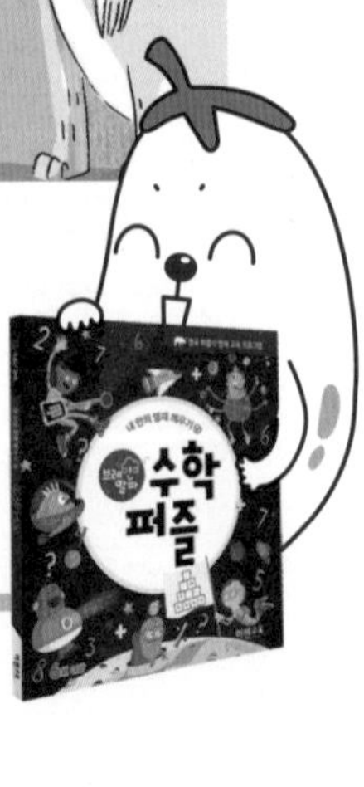

수학
퍼즐

브레인알파 「수학 퍼즐」 교재 내용입니다.

수학 퍼즐 맛보기

헷갈리는 몬스터

학생들의 숙제를 확인해 보세요. 다음 중 맞는 답과 틀린 답을 표시해 보세요.

1. 3 × 8 = 24

2. 4 × 9 = 63

3. 6 × 7 = 36

4. 12 × 2 = 24

5. 9 × 6 = 56

6. 11 × 3 = 33

7. 7 × 7 = 49

8. 12 × 11 = 120

 해답

2. 4 × 9 = 36   3. 6 × 7 = 42
5. 9 × 6 = 54   8. 12 × 11 = 132
따라서 1, 4, 6, 7은 맞고, 2, 3, 5, 8은 틀렸어요.

브레인알파 「수학 퍼즐」 교재 내용입니다.

수학 퍼즐 맛보기

논리 기억

꽃을 연결하라!

각 분홍색 꽃에 있는 수는 그 꽃과 연결된 두 수의 곱과 같은 수이고,
보라색 꽃에 있는 수는 직선에 있는 두 반대편 수의 곱과 같은 수예요.
빠진 수를 채워 보세요.

☆

브레인알파 「수학 퍼즐」 교재 내용입니다.

수학 퍼즐 맛보기

꽃밭의 행복한 오후 ⭐

각 곱셈의 정답을 아래의 빈칸에 채워 보세요. 빈칸 하나에 숫자를 하나씩 쓰세요.

가로

1. 11 × 11
3. 2 × 11
4. 8 × 8
6. 7 × 2
7. 3 × 7
9. 9 × 5
11. 8 × 9
12. 6 × 8
14. 9 × 3
15. 10 × 11

세로

1. 4 × 3
2. 2 × 8
3. 6 × 4
5. 7 × 6
6. 12 × 12
8. 11 × 12
10. 9 × 6
11. 7 × 11
13. 9 × 9
14. 5 × 4

퍼즐 격자:
```
¹1  2  ²1
   ³2     ⁴  ⁵
⁶        ⁷  ⁸

⁹  ¹⁰       ¹¹

  ¹²  ¹³  ¹⁴
    ¹⁵
```

해답:
```
  1 2 1
2 2   6 4
1 4   2 1
4       3 2
4 5   6 2
  4 8   2 7
    1 1 0
```

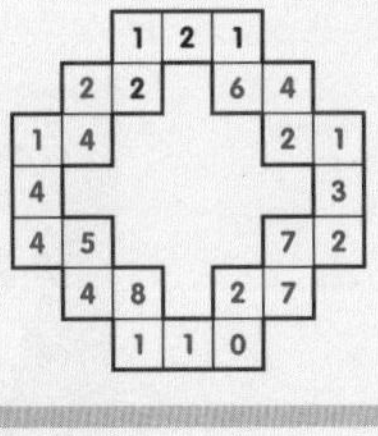

브레인알파 「암호 퍼즐」 교재 내용입니다.

71

수학 퍼즐 맛보기

수리 규칙

숲속의 구구단 ☆

왼쪽 나무와 가운데 나무의 수를 곱해서 오른쪽 나무의 수와 같도록 만들어 보세요.

모든 곱셈에서 각 나무의 수는 한 번씩만 쓰여요.

세 개의 수를 선으로 연결해 보세요.

4	9	32
6	7	30
7	8	54
10	6	40
9	4	21
5	3	63

해답

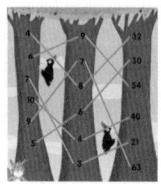

브레인알파 「암호 퍼즐」 교재 내용입니다.

72

정답

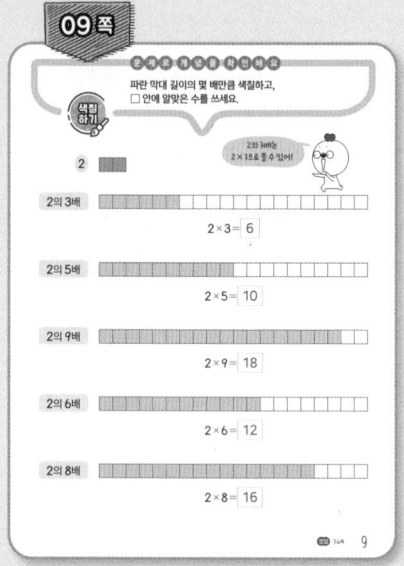

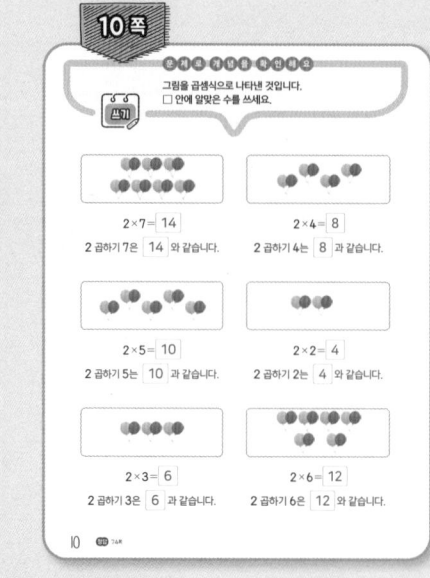

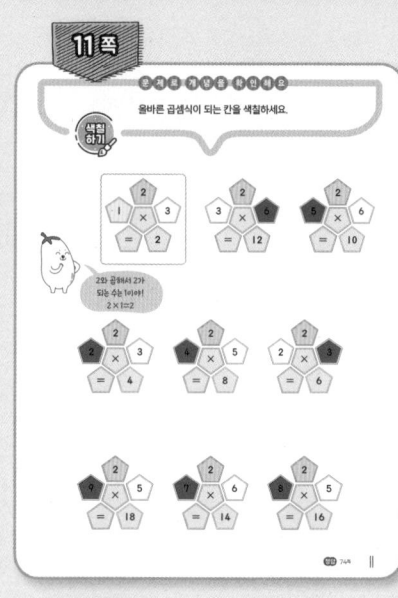

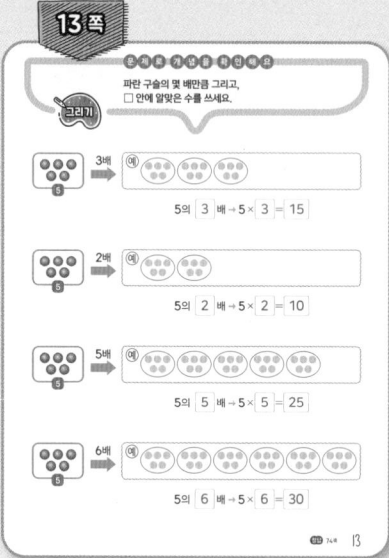

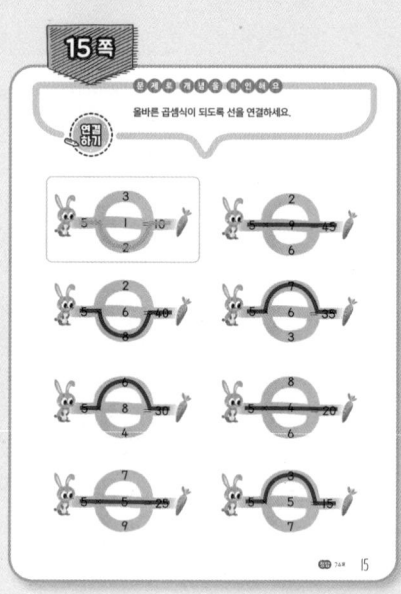

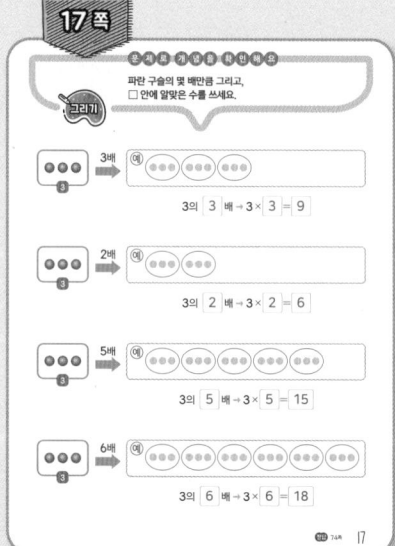

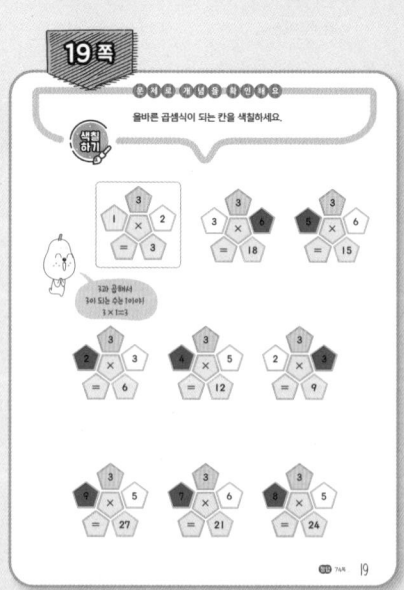

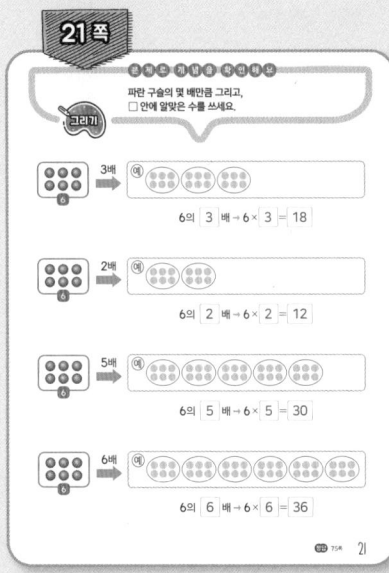

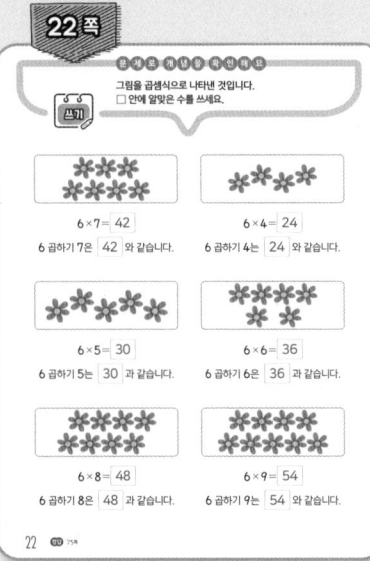

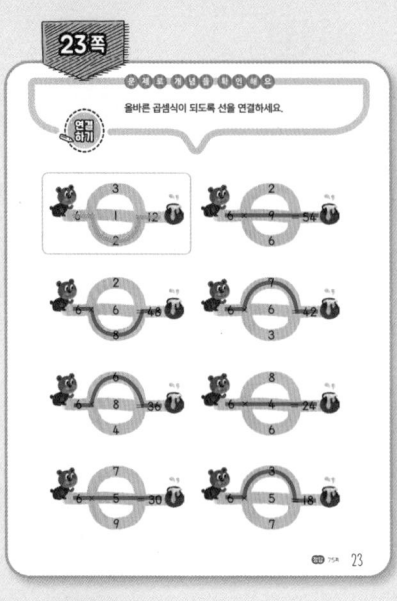

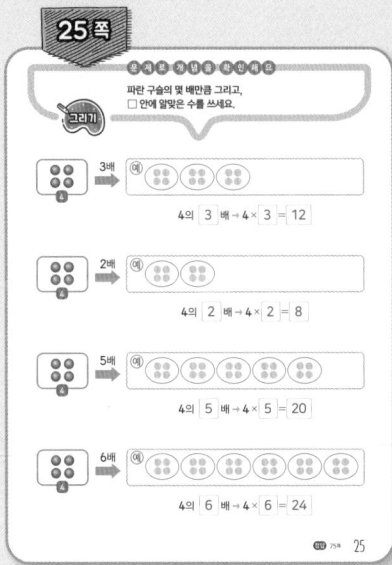

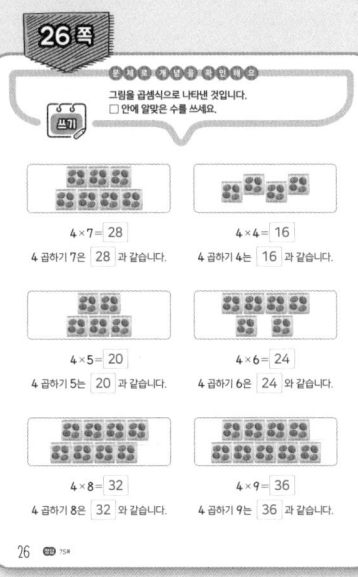

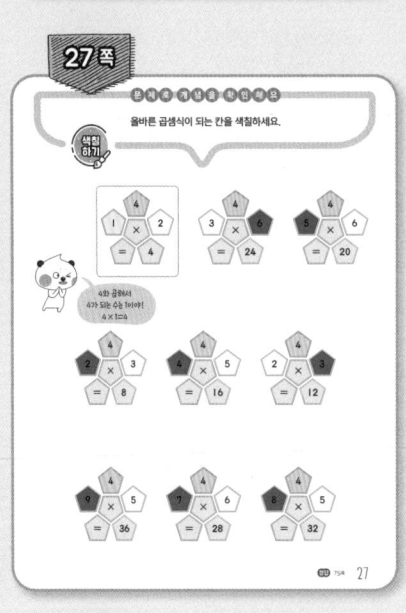

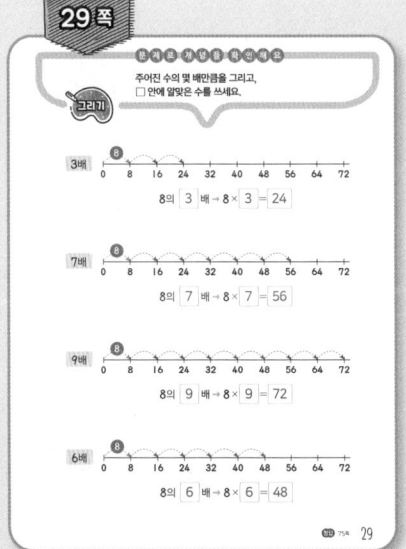

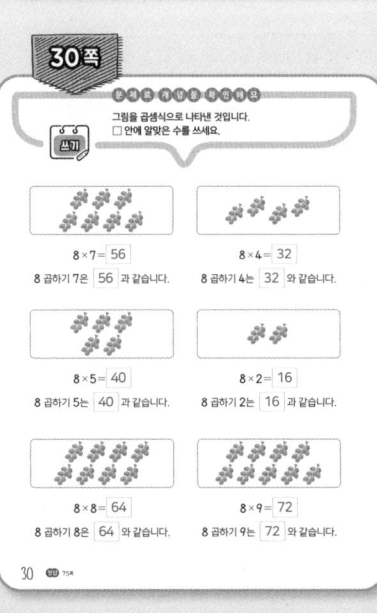

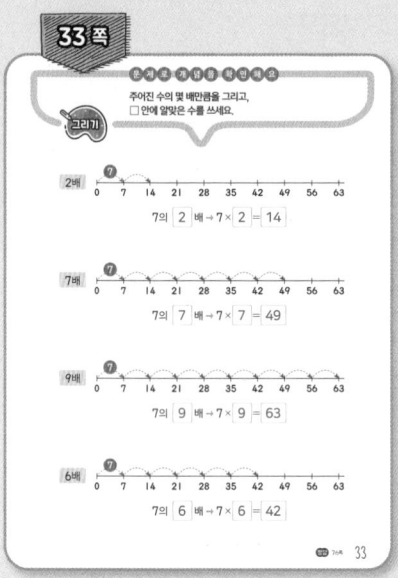

주어진 수의 몇 배만큼을 그리고,
□ 안에 알맞은 수를 쓰세요.

그리기

2배
0 7 14 21 28 35 42 49 56 63
7의 2 배→7×2 = 14

7배
0 7 14 21 28 35 42 49 56 63
7의 7 배→7×7 = 49

9배
0 7 14 21 28 35 42 49 56 63
7의 9 배→7×9 = 63

6배
0 7 14 21 28 35 42 49 56 63
7의 6 배→7×6 = 42

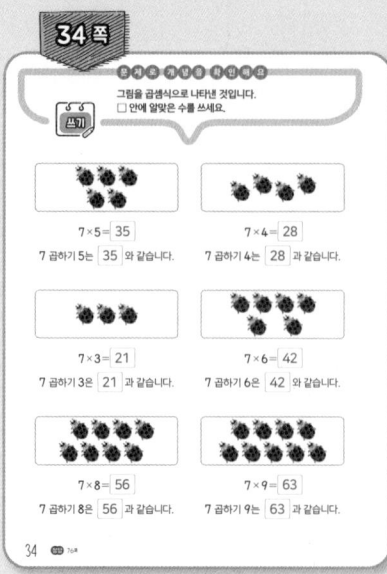

그림을 곱셈식으로 나타낸 것입니다.
□ 안에 알맞은 수를 쓰세요.

쓰기

7×5 = 35
7 곱하기 5는 35 와 같습니다.

7×4 = 28
7 곱하기 4는 28 과 같습니다.

7×3 = 21
7 곱하기 3은 21 과 같습니다.

7×6 = 42
7 곱하기 6은 42 와 같습니다.

7×8 = 56
7 곱하기 8은 56 과 같습니다.

7×9 = 63
7 곱하기 9는 63 과 같습니다.

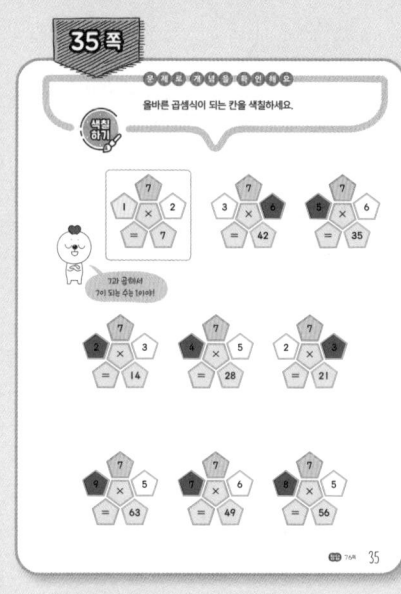

올바른 곱셈식이 되는 칸을 색칠하세요.

색칠
하기

1 7 2 = 7
3 7 6 = 42
5 7 7 = 35

7과 곱해서
7이 되는 수는 1이야!

2 7 5 = 14
4 7 5 = 28
2 7 5 = 21

9 7 5 = 63
7 7 6 = 49
8 7 5 = 56

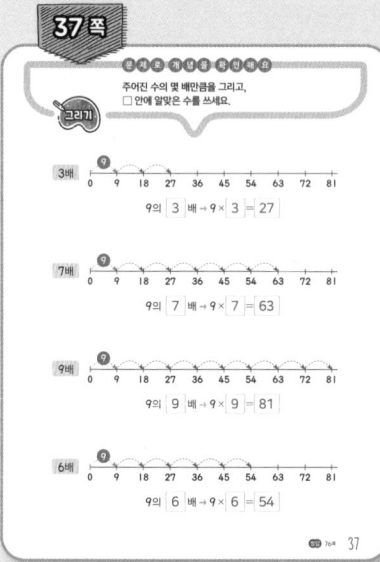

주어진 수의 몇 배만큼을 그리고,
□ 안에 알맞은 수를 쓰세요.

그리기

3배
0 9 18 27 36 45 54 63 72 81
9의 3 배→9×3 = 27

7배
0 9 18 27 36 45 54 63 72 81
9의 7 배→9×7 = 63

9배
0 9 18 27 36 45 54 63 72 81
9의 9 배→9×9 = 81

6배
0 9 18 27 36 45 54 63 72 81
9의 6 배→9×6 = 54

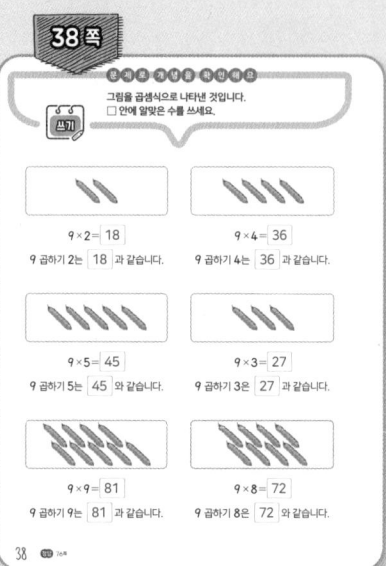

그림을 곱셈식으로 나타낸 것입니다.
□ 안에 알맞은 수를 쓰세요.

쓰기

9×2 = 18
9 곱하기 2는 18 과 같습니다.

9×4 = 36
9 곱하기 4는 36 과 같습니다.

9×5 = 45
9 곱하기 5는 45 와 같습니다.

9×3 = 27
9 곱하기 3은 27 과 같습니다.

9×9 = 81
9 곱하기 9는 81 과 같습니다.

9×8 = 72
9 곱하기 8은 72 와 같습니다.

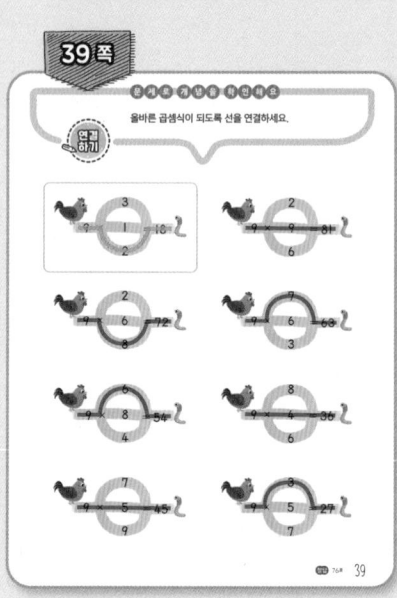

올바른 곱셈식이 되도록 선을 연결하세요.

연결
하기

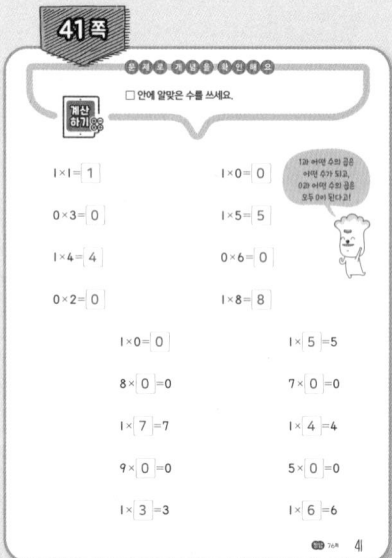

□ 안에 알맞은 수를 쓰세요.

계산
하기

1×1 = 1   1×0 = 0
0×3 = 0   1×5 = 5
1×4 = 4   0×6 = 0
0×2 = 0   1×8 = 8

1×0 = 0   1×5 = 5
8×0 = 0   7×0 = 0
1×7 = 7   1×4 = 4
9×0 = 0   5×0 = 0
1×3 = 3   1×6 = 6

1과 어떤 수의 곱은
어떤 수가 되고,
0과 어떤 수의 곱은
모두 0이 된다고!

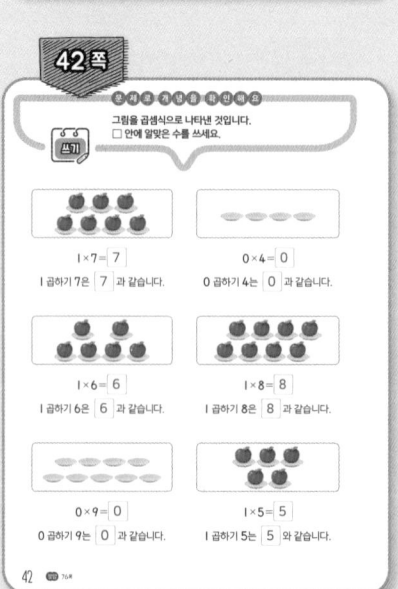

그림을 곱셈식으로 나타낸 것입니다.
□ 안에 알맞은 수를 쓰세요.

쓰기

1×7 = 7
1 곱하기 7은 7 과 같습니다.

0×4 = 0
0 곱하기 4는 0 과 같습니다.

1×6 = 6
1 곱하기 6은 6 과 같습니다.

1×8 = 8
1 곱하기 8은 8 과 같습니다.

0×9 = 0
0 곱하기 9는 0 과 같습니다.

1×5 = 5
1 곱하기 5는 5 와 같습니다.

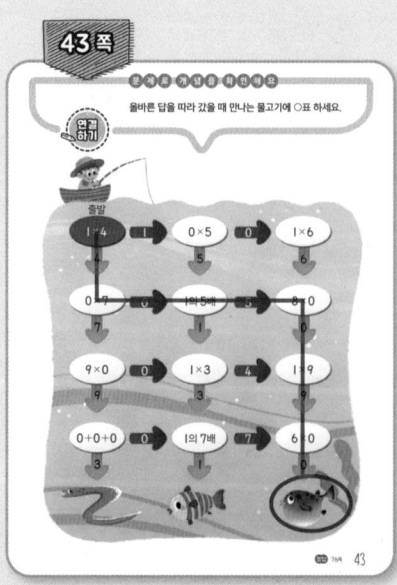

올바른 답을 따라 갔을 때 만나는 물고기에 ○표 하세요.

연결
하기

출발

1×4 → 0×5 = 0 → 1×6
0×7 → 1의 5배 → 6×0
9×0 → 1×3 → 1×9
0+0+0 → 1의 7배 → 6×0

76

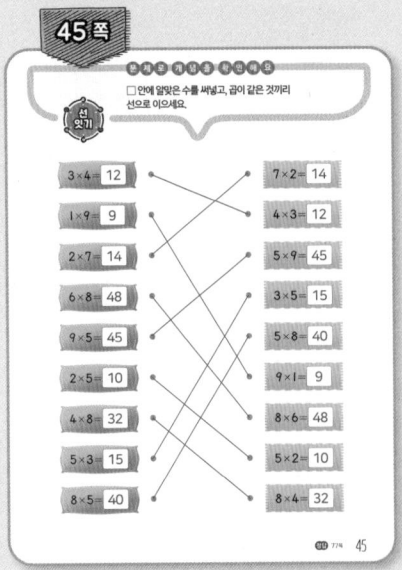

45 쪽
□ 안에 알맞은 수를 써넣고, 곱이 같은 것끼리 선으로 이으세요.

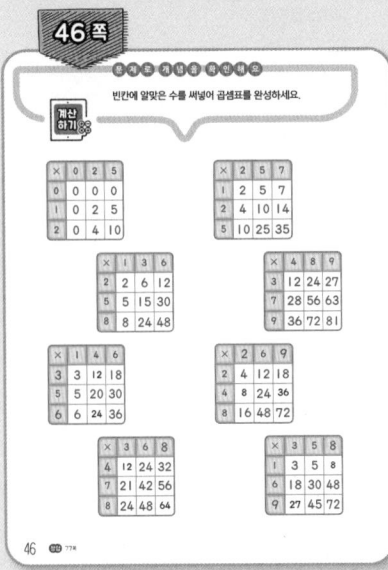

46 쪽
빈칸에 알맞은 수를 써넣어 곱셈표를 완성하세요.

47 쪽
올바른 답을 따라 가는 길을 선으로 나타내세요.

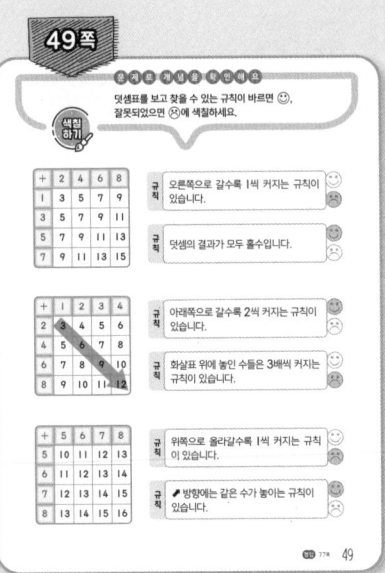

49 쪽
덧셈표를 보고 찾을 수 있는 규칙이 바르면 ☺, 잘못되었으면 ☒에 색칠하세요.

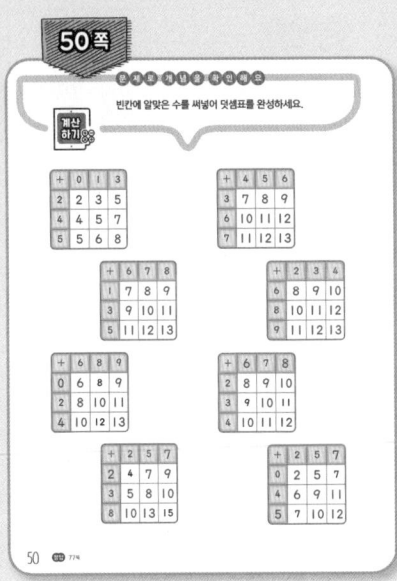

50 쪽
빈칸에 알맞은 수를 써넣어 덧셈표를 완성하세요.

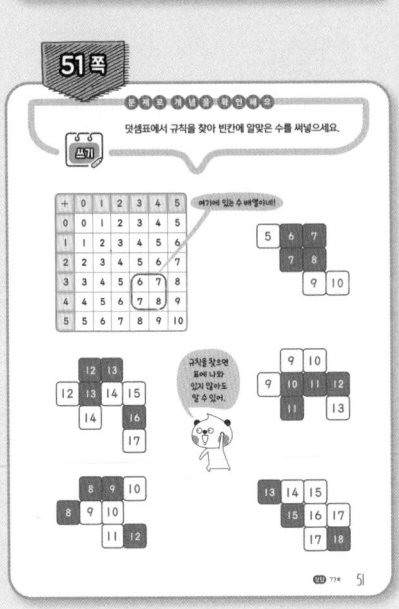

51 쪽
덧셈표에서 규칙을 찾아 빈칸에 알맞은 수를 써넣으세요.

53 쪽
곱셈표를 보고 찾을 수 있는 규칙이 바르면 ☺, 잘못되었으면 ☒에 색칠하세요.

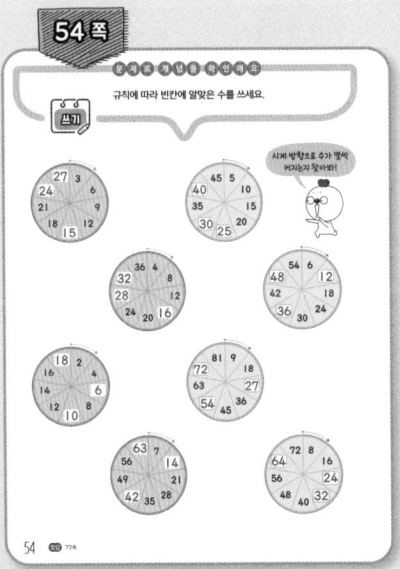

54 쪽
규칙에 따라 빈칸에 알맞은 수를 쓰세요.

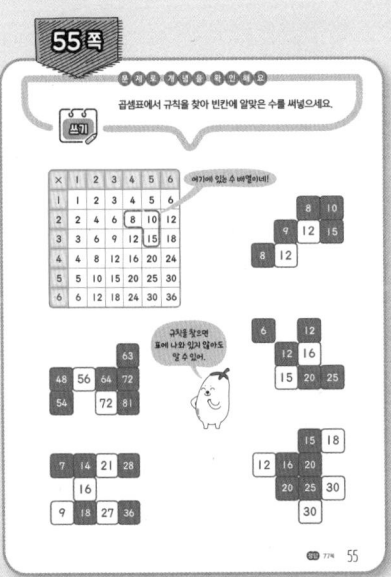

55 쪽
곱셈표에서 규칙을 찾아 빈칸에 알맞은 수를 써넣으세요.

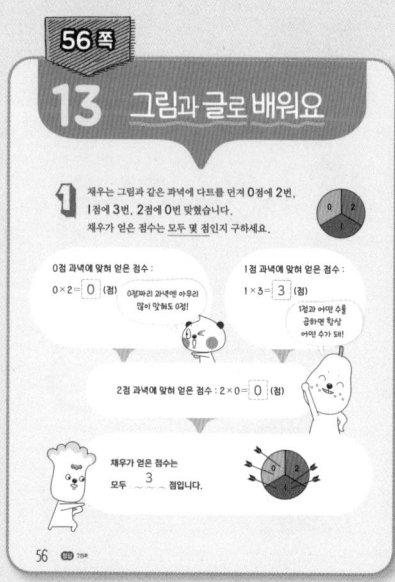

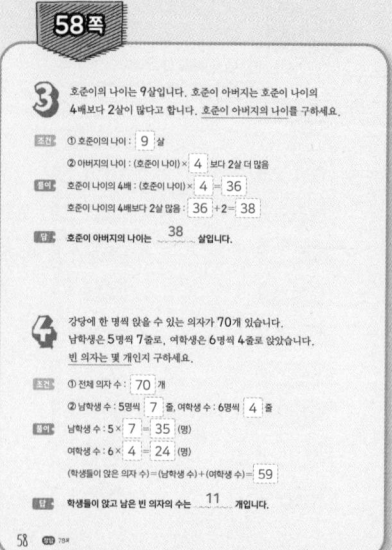
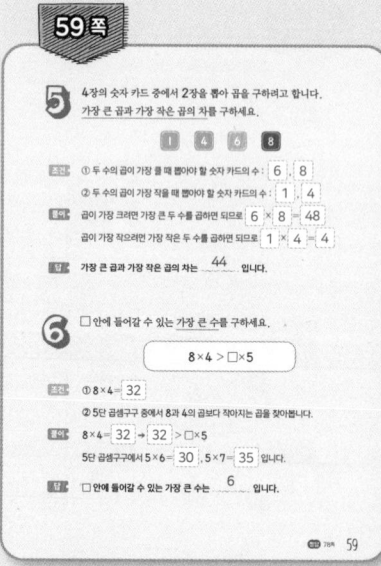

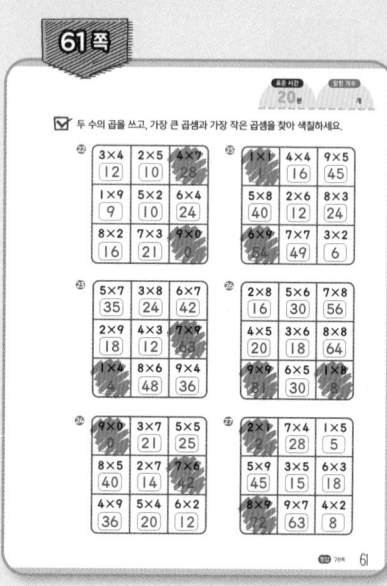
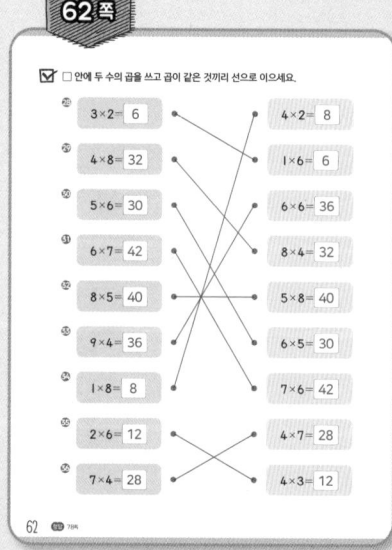
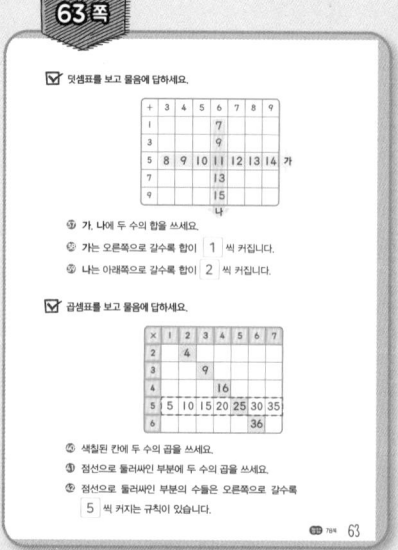

짜~안

상장

이름 ————

위 어린이는
2학년에게 꼭 필요한 구구단을
스스로 열심히 마쳤습니다.

이에 칭찬하여 이 상장을 드립니다.

년   월   일

구구단

쎄익

수학 교과서에 맞춘
이젠 꼭 필요한 초등수학 시리즈

|교육과정| 수학 교과서 중요 단원

초등 1학년	초등 2학년	초등 3학년	초등 4학년
1학기 2학기	1학기 2학기	1학기 2학기	1학기 2학기

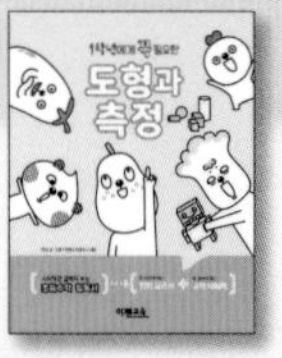

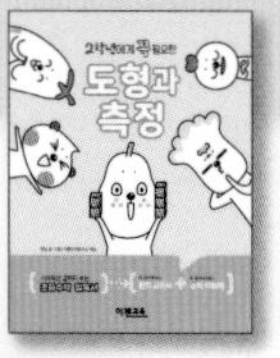

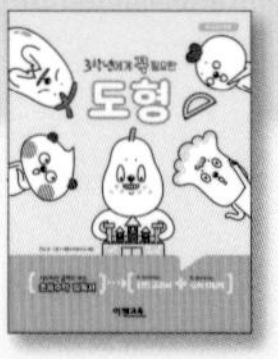

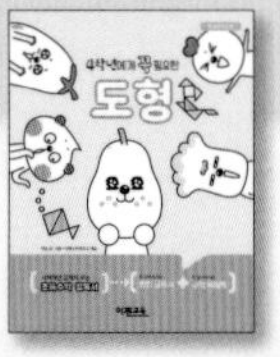

도형과 측정 → **도형과 측정** **도형** → **도형**

여러 가지 모양 / 여러 가지 모양 / 비교하기 → 여러 가지 도형 / 길이 재기 / 길이 재기 / 분류하기 → 평면도형 / 원 → 평면도형의 이동 / 삼각형 / 사각형 / 다각형

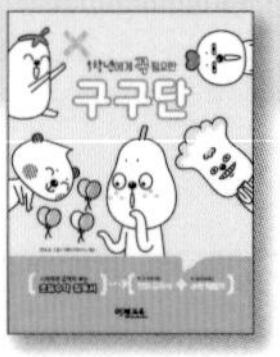

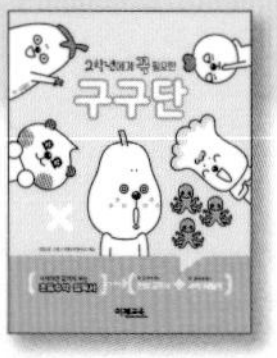

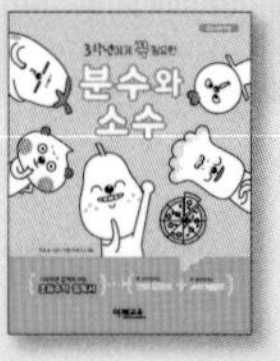

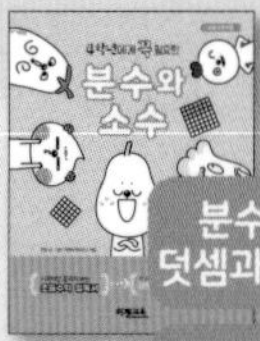

구구단 → **구구단** **분수와 소수** → **분수와 소수**

곱셈 / 곱셈구구 → 분수와 소수 / 분수 → 분수의 덧셈과 뺄셈 / 소수의 덧셈과 뺄셈

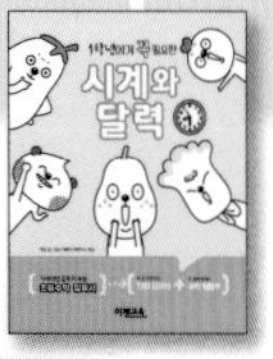

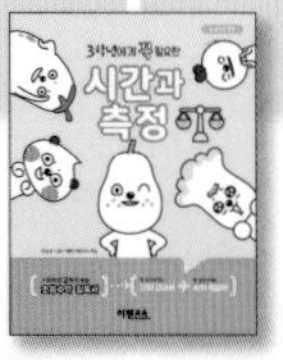

시계와 달력 → **시간과 측정**

시계 보기와 규칙 찾기 / 시각과 시간 → 길이와 시간 / 들이와 무게 / 각도

의 책이에요!

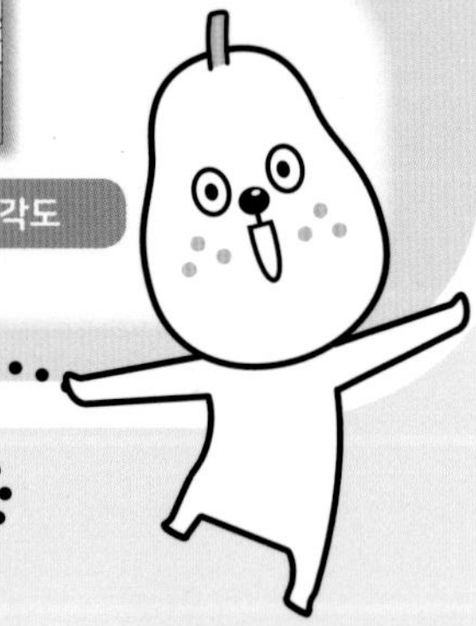

제 품 명: 2학년에게 꼭 필요한 구구단
제조자명: 이젠교육
제조국명: 대한민국
제조년월: 판권에 별도 표기
사용학년: 8세 이상

※ KC마크는 이 제품이 공통안전기준에 적합하였음을 의미합니다.

값 16,000원 (2권 세트)
63410

9 791190 880664
ISBN 979-11-90880-66-4